철근 이음과 커플러

철근 이음과 커플러
이론, 실무, 기술을 중심으로

초판 1쇄 발행 2024년 7월 12일

지은이 양현민
펴낸이 장길수
펴낸곳 지식과감성#
출판등록 제2012-000081호

교정 김지원
디자인 서혜인
편집 서혜인
검수 한장희, 윤혜성
마케팅 김윤길, 정은혜

주소 서울시 금천구 벚꽃로298 대륭포스트타워6차 1212호
전화 070-4651-3730~4
팩스 070-4325-7006
이메일 ksbookup@naver.com
홈페이지 www.knsbookup.com

ISBN 979-11-392-1968-5(93530)
값 22,000원

- 이 책의 판권은 지은이에게 있습니다.
- 이 책 내용의 전부 또는 일부를 재사용하려면 반드시 지은이의 서면 동의를 받아야 합니다.
- 잘못된 책은 구입하신 곳에서 바꾸어 드립니다.

지식과감성#
홈페이지 바로가기

철근 이음과 커플러

— 이론, 실무, 기술을 중심으로

양현민 지음

I | 철근의 기초　9

1. 철근이란 무엇인가?　•　10
2. 철근의 역사　•　11
3. 철근의 분류　•　13
　　1) 형상에 따른 분류　•　13
　　2) 직경에 따른 분류　•　14
　　3) 강도에 따른 분류　•　15

II | 철근 이음　19

1. 철근 이음의 필요성　•　20
2. 철근 이음의 위치　•　20
3. 철근 이음의 종류　•　21
　　1) 겹침 이음　•　21
　　2) 가스 압접 이음　•　25
　　3) 용접 이음　•　29
　　4) 기계식 이음(커플러)　•　30

III | 철근 이음의 검사　33

1. 소재 및 결합 검사　•　35
　　1) 위치 및 외관 검사　•　35
　　2) 초음파 탐사 검사　•　39

2. 응력 검사 • 40
   1) 일방향 인장 시험 • 40
   2) 굽힘 시험 • 47
   3) 저사이클 반복 시험 • 48
   4) 정적 내력 시험 • 51
   5) 고응력 반복 내력 시험 • 54
   6) 고사이클 피로(반복) 시험 • 56
   7) 저온 성능 시험 • 58
   8) 고응력 인장 압축 반복 시험 • 60
   9) 요약 • 62

IV | 철근 커플러 종류와 장단점 65

1. 철근 커플러의 종류 • 66
2. 커플러별 특징 • 68
   1) 나사 커플러 • 68
   2) 편체식 커플러 • 73
   3) 원터치 커플러 • 79
   4) 나사형 철근 커플러 • 82
   5) 볼트 체결식 커플러 • 85
   6) 강관 압착식 커플러 • 87
   7) 그라우트 슬리브 커플러 • 89

V | 특허로 보는 철근 커플러 93

1. 특허의 간략 소개 • 94
2. 커플러 종류별 특허출원 통계 • 96

3. 특허를 통해 알아보는 커플러의 역사와 정보 • 100

   1) 나사 커플러 • 100
   2) 원터치 커플러 • 130
   3) 반터치 커플러 • 154
   4) 마디편체 현장 체결식 커플러 • 158
   5) 쐐기형 현장 체결식 커플러 • 175
   6) 나사형 철근 커플러 • 182
   7) 볼트 체결식 커플러 • 193

Ⅵ | 철근 커플러 선정 시 검토 사항   201

1. 자재 승인 전 공통 확인 사항 • 202

   1) 필요 시험 항목 합격 여부 • 202
   2) 커플러의 치수 • 203
   3) 커플러의 작동 원리 • 205

2. 나사 커플러 적용 시 확인 사항 • 206

   1) 자재 승인 전 확인 사항 • 206
   2) 현장 반입 후 확인 사항 • 206
   3) 시공 시 확인 사항 • 206

3. 원터치 철근 커플러 적용 시 확인 사항 • 207

   1) 자재 승인 전 확인 사항 • 207
   2) 현상 반입 후 확인 사항 • 207
   3) 시공 시 확인 사항 • 208

4. 마디 편체 현장 체결식 커플러 적용 시 확인 사항 • 208

   1) 자재 승인 전 확인 사항 • 208
   2) 현장 반입 후 확인 사항 • 209
   3) 시공 시 확인 사항 • 209

5. 나사마디 철근 커플러 적용 시 확인 사항 • 210

   1) 자재 승인 전 확인 사항 • 210

2) 현장 반입 후 확인 사항 • 210
   3) 시공 시 확인 사항 • 210
 6. 볼트 체결식 커플러 적용 시 확인 사항 • 211
   1) 자재 승인 전 확인 사항 • 211
   2) 현장 반입 후 확인 사항 • 212
   3) 시공 시 확인 사항 • 212

VII | 철근 커플러 시장 규모와 동향 213

1. 철근 이음의 미래 • 214
2. 전 세계 철근 커플러의 시장 규모와 동향 • 215
3. 국내 철근 커플러 시장 규모와 동향 • 218
   1) 나사 커플러 • 221
   2) 원터치 커플러 • 223
   3) 그 외 현장 체결식 커플러 • 224

VIII | 철근 이음에 관한 최신 기술과 이슈 227

1. 철근의 고강도화와 내진 철근 • 228
2. 철근 이음과 내진설계 강화(잔류변형량 기준의 필요성) • 229
   1) 철근콘크리트 건축물의 급격한 붕괴 방지 • 229
   2) 철근 커플러의 잔류변형량 기준 • 231
3. 대기업의 철근 커플러 기술 개발 • 232
   1) 대우건설의 DTS 커플러 • 232
   2) 현대건설과 롯데건설의 나사형 철근 커플러 • 233
4. 철근의 대체제, GFRP 보강근 • 234

마치며... 238

철근 관련 규격 모음 239

1) 철근의 화학 성분 • 239
2) 철근의 기계적 성질 • 240
3) 철근의 치수 및 무게 • 241
4) 철근 피복 두께 기준 • 242
5) 철근의 간격 제한 • 243
6) 철근의 정착 및 겹침 이음 기준표 • 244
7) 철근 이음 시험 기준표 • 252

참고 및 인용 자료 254

I.
철근의 기초

1. 철근이란 무엇인가?

 철근은 철강으로 만들어진 긴 막대 모양의 강봉으로 압축력에 강하지만 인장력에는 약한 콘크리트와 함께 사용되어 인장강도를 향상하는 역할을 한다. 이렇게 철근과 콘크리트가 함께 사용되는 건축물을 철근콘크리트조라고 한다.

철근콘크리트 구조

 철근이 콘크리트와 같이 사용될 수 있는 가장 큰 이유는 철근과 콘크리트의 열팽창계수가 같기 때문이며 이는 철근콘크리트가 신이 내린 선물이라 불리는 이유이기도 하다. 건축물의 구조는 목조, 석조, 조적조, 철골조, 철근콘크리트조, 철골철근콘크리트조가 대표적이며 근래의 대부분 건축물은 철근콘크리트 건축물인데 이는 철근콘크리트조가 타 구조 대비 경제적이며 구조적 안정성이 뛰어나기 때문이다. 철근은 모양과 용도에 따라 원형철근과 이형철근으로 나뉘나 현대에 들어서는 콘크리트와 부착력 강화를 위해 이형철근이 주로 사용된다.

2. 철근의 역사

철근은 콘크리트와 상호 보완되는 재료로 철근의 역사는 콘크리트의 역사와 함께한다고 할 수 있다. 콘크리트의 기원은 고대 이집트와 로마에서 시작되는데, 이때의 콘크리트는 현대와 같은 방식이 아닌 화산재 퇴적물의 일종인 응회암의 분말과 석회, 모래를 물에 섞은 뒤 굳혀 만든 일종의 모르타르였다. 그 후 19세기에 들어 영국을 중심으로 시멘트에 대한 연구가 활발히 이루어졌고, 벽돌공 조셉 아스피딘(Joseph Aspidin)이 분말로 분쇄된 석회석과 점토를 섞어 가마에서 소성하는 시멘트 제조법을 발견하였다. 이렇게 만들어진 시멘트가 현대에도 사용되는 포틀랜드 시멘트(Portland Cement)라 불리게 되었다.

조셉 아스피딘과 현대의 포틀랜드 시멘트

철근콘크리트의 초기 형태는 프랑스의 건축가 조셉 모니에(Joseph Monier)에 의해 개발되었다.

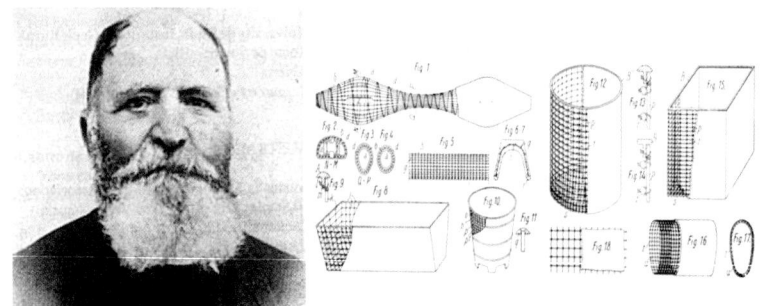

조셉 모니에와 초기 철근콘크리트 도화

19세기 말, 모니에는 철선으로 강화된 콘크리트 동자(Pots en beton arme)를 만들었다. 이 동자는 동물용 우리나 식물용 화분과 같은 작은 구조물을 형성하는 데 사용되었다. 이는 철근을 콘크리트에 삽입하여 구조물의 강도를 향상한 최초의 형태였다. 20세기 초반에는 철근콘크리트 기술이 발전하고 다양한 응용 분야에서 사용되기 시작했다. 1903년에는 프랑스의 건축가 프랑수아 엔비크(François Hennebique)가 철근콘크리트의 현대적인 구조를 개발하였다. 이 구조는 철근과 콘크리트를 조합하여 보강 구조물을 형성하는 방식으로 건축물을 건설하는 데 사용된 시초였다. 이후 프랑스를 비롯한 유럽 국가와 미국에서 철근콘크리트를 사용한 다양한 건축물이 건설되기 시작했다. 특히, 철근콘크리트 기술은 20세기 동안의 건축 발전에 큰 영향을 미쳤으며 현대에 이르러서는 철근콘크리트는 대부분의 건축물에 사용되는 핵심 요소로서 안정성, 내구성, 형태 다양성 및 건설 효율성의 측면에서 큰 장점을 가지고 있다.

3. 철근의 분류

1) 형상에 따른 분류

철근은 표면의 형상에 따라 분류할 수 있는데 크게 원형철근과 이형철근으로 나뉜다. 원형철근은 표면에 마디, 리브와 같은 돌기가 없으며 환봉의 형상을 가진다. 이형철근은 표면에 마디와 리브가 형성된 것을 특징으로 하며 형상의 예시는 다음과 같다.

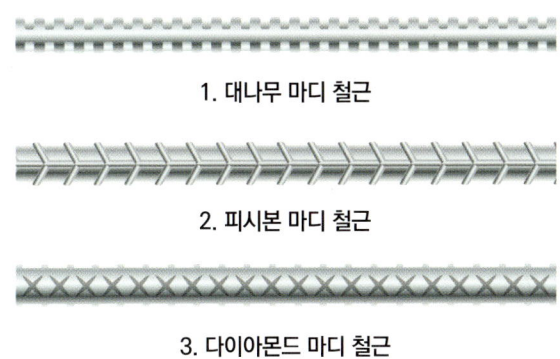

1. 대나무 마디 철근

2. 피시본 마디 철근

3. 다이아몬드 마디 철근

이형철근의 종류

최근에는 리브 없이 마디가 나선형으로 형성된 나사마디 철근도 생산되고 있는데 이는 철근의 가공 없이 기계식 이음이 가능한 것을 특징으로 한다.

2) 직경에 따른 분류

'KS D 3504 철근콘크리트용 봉강'에 따르면 철근은 직경별로 D4부터 D57까지 19종으로 나뉘어 있으나 일반적으로 건설 현장에서 사용되는 직경은 D10부터 D35까지 8종이다. 여기서 직경이란 공칭 지름으로 철근의 생산공정에서 압연하여 누르기 전 환봉 상태의 직경을 뜻한다. 압연을 통해 마디(횡방향 리브)와 리브(종방향 리브)가 형성되며 마디의 간격, 높이, 각도 등은 제강사별로 서로 다르며 이 허용차를 한국산업규격에 기재하고 있다.

호칭명	단위무게 kg/m	공칭지름 d mm	공칭단면적 S cm²	공칭둘레 l cm	마디의 평균 간격 최댓값 mm	마디 높이		마디 틈 합계의 최댓값 mm	마디와 축선과의 각도
						최솟값 mm	최댓값 mm		
D 4	0.110	4.23	0.140 5	1.3	3.0	0.2	0.4	3.3	
D 5	0.173	5.29	0.219 8	1.7	3.7	0.2	0.4	4.3	
D 6	0.249	6.35	0.316 7	2.0	4.4	0.3	0.6	5.0	
D 8	0.389	7.94	0.495 1	2.5	5.6	0.3	0.6	6.3	
D 10	0.560	9.53	0.713 3	3.0	6.7	0.4	0.8	7.5	
D 13	0.995	12.7	1.267	4.0	8.9	0.5	1.0	10.0	
D 16	1.56	15.9	1.986	5.0	11.1	0.7	1.4	12.5	
D 19	2.25	19.1	2.865	6.0	13.4	1.0	2.0	15.0	
D 22	3.04	22.2	3.871	7.0	15.5	1.1	2.2	17.5	45° 이상
D 25	3.98	25.4	5.067	8.0	17.8	1.3	2.6	20.0	
D 29	5.04	28.6	6.424	9.0	20.0	1.4	2.8	22.5	
D 32	6.23	31.8	7.942	10.0	22.3	1.6	3.2	25.0	
D 35	7.51	34.9	9.566	11.0	24.4	1.7	3.4	27.5	
D 38	8.95	38.1	11.40	12.0	26.7	1.9	3.8	30.0	
D 41	10.5	41.3	13.40	13.0	28.9	2.1	4.2	32.5	
D 43	11.4	43.0	14.52	13.5	30.1	2.2	4.4	33.8	
D 51	15.9	50.8	20.27	16.0	35.6	2.5	5.0	40.0	
D 57	20.3	57.3	25.79	18.0	40.1	2.9	5.8	45.0	

비고 1 공칭 단면적, 공칭 둘레 및 단위 무게의 산출 방법은 다음에 따른다. 공칭 단면적$(S) = \frac{0.785\,4 \times d^2}{100}$: 유효 숫자 넷째 자리에서 끝맺음한다. 공칭 둘레$(l) = 0.314\,2 \times d$: 소수점 이하 첫째 자리에서 끝맺음한다. 단위 무게 $= 0.785 \times S$: 유효 숫자 셋째 자리에서 끝맺음한다. 1개 무게 = 단위 무게 × 길이 : 소수점 이하 둘째 자리에서 끝맺음한다.

비고 2 마디 간격은 그 공칭 지름의 70% 이하로서, 산술값은 소수점 이하 첫째 자리에서 끝맺음한다.

비고 3 이형 봉강의 마디 틈의 합계는 공칭 둘레의 25% 이하로 하고, 산술값은 소수점 이하 첫째 자리에서 끝맺음한다.

비고 4 마디의 높이는 다음 표에 따르고 산술값은 소수점 이하 첫째 자리에서 끝맺음한다.

치수	마디 높이	
	최소	최대
호칭명 D 13 이하	공칭 지름의 4.0%	최솟값의 2배
호칭명 D 13 초과 D 19 미만	공칭 지름의 4.5%	최솟값의 2배
호칭명 D 19 이상	공칭 지름의 5.0%	최솟값의 2배

철근 치수, 무게 및 마디의 허용차(KS D 3504:2016 철근콘크리트용 봉강)

3) 강도에 따른 분류

근래의 철근은 다음과 같은 강도로 분류된다.

표 3 - 기계적 성질

종류 기호	항복점 또는 항복강도 N/mm^2	인장강도[a] N/mm^2	인장 시험편	연신율[b] %	굽힘성		
					굽힘 각도	안쪽 반지름	
SD300	300~420	항복강도의 1.15배 이상	2호에 준한 것	16 이상	180°	D 16 이하	공칭 지름의 1.5배
			3호에 준한 것	18 이상		D 16 초과	공칭 지름의 2배

종류 기호	항복점 또는 항복강도 N/mm²	인장강도[a] N/mm²	인장 시험편	연신율[b] %	굽힘성 굽힘 각도	굽힘성 안쪽 반지름	
SD400	400~520	항복강도의 1.15배 이상	2호에 준한 것	16 이상	180°		공칭 지름의 2.5배
			3호에 준한 것	18 이상			
SD500	500~650	항복강도의 1.08배 이상	2호에 준한 것	12 이상	90°	D 25 이하	공칭 지름의 2.5배
			3호에 준한 것	14 이상		D 25 초과	공칭 지름의 3배
SD600	600~780	항복강도의 1.08배 이상	2호에 준한 것	10 이상	90°	D 25 이하	공칭 지름의 2.5배
			3호에 준한 것			D 25 초과	공칭 지름의 3배
SD700	700~910	항복강도의 1.08배 이상	2호에 준한 것	10 이상	90°	D 25 이하	공칭 지름의 2.5배
			3호에 준한 것			D 25 초과	공칭 지름의 3배
SD400 W	400~520	항복강도의 1.15배 이상	2호에 준한 것	16 이상	180°		공칭 지름의 2.5배
			3호에 준한 것	18 이상			
SD500 W	500~650	항복강도의 1.15배 이상	2호에 준한 것	12 이상	180°	D 25 이하	공칭 지름의 2.5배
			3호에 준한 것	14 이상		D 25 초과	공칭 지름의 3배
SD400 S	400~520	항복강도의 1.25배 이상	2호에 준한 것	16 이상	180°		공칭 지름의 2.5배
			3호에 준한 것	18 이상			
SD500 S	500~620	항복강도의 1.25배 이상	2호에 준한 것	12 이상	180°	D 25 이하	공칭 지름의 2.5배
			3호에 준한 것	14 이상		D 25 초과	공칭 지름의 3배
SD600 S	600~720	항복강도의 1.25배 이상	2호에 준한 것	10 이상	90°	D 25 이하	공칭 지름의 2.5배
			3호에 준한 것			D 25 초과	공칭 지름의 3배

[a] 인장강도는 실측한 항복강도의 비율로서 규정된 비율 이상이어야 한다.
[b] 이형 봉강에서 치수가 호칭명 D 32를 초과하는 것에 대해서는 호칭명 3을 증가할 때마다 표 2의 연신율의 값에서 각각 2을 감한다. 다만, 감하는 한도는 4로 한다.

철근의 기계적 성질(KS D 3504:2016 철근콘크리트용 봉강)

철근의 강도를 나타내는 종류 기호는 SD500처럼 'SD'와 '숫자'로 구성된다. 'SD'는 'Steel Deformed'의 약자로 표면에 리브와 마디와 같은 돌기가 있는 봉강인 이형철근을 의미한다. 'SD' 뒤의 숫자는 철근의 최소 규격 항복점을 나타낸다. 예를 들어, SD400 철근의 최소 규격 항복점은 400Mpa(N/mm^2)이다. 또한 용도별로 숫자 뒤에 'W' 혹은 'S' 글자가 붙는 경우가 있는데 'W'는 Welding의 약자로 용접용이며, 'S'는 Seismic의 약자로 내진용을 나타낸다.

국내 건설 현장에서 주로 사용되는 철근은 SD400, SD500, SD600이며 최근 내진 기준이 강화되면서 내진용 철근인 SD400S, SD500S, SD600S의 수요 또한 증가하고 있다. 규격에는 포함되었지만 SD300 철근은 건축물의 대형화와 철근의 고강도화로 현재 거의 사용되지 않는다. SD700 초고강도 철근이 2016년부터 KS규격에 추가되었지만 아직까지는 사용되고 있지는 않다. 또 다른 KS 규격 개정 사항은 철근 항복점의 상한치가 생긴 것이다. 그 이유는 항복점과 인장강도의 차이를 두어 철근의 취성파괴를 막고자 함이다. 항복강도와 인장강도 비율은 내진 성능과 밀접한 관계가 있기 때문에 내진용 철근은 일반 철근 대비 항복강도에 비해 인장강도가 높다.

Ⅱ.
철근 이음

1. 철근 이음의 필요성

철근콘크리트 건축물의 공사에 있어서 철근은 운송을 위해 일정 길이로 절단되어야 하여, 현장 시공 시에는 이음이 필요하다. 철근 이음의 궁극적인 목표는 이음이 없는 단일 철근의 강도를 발현하는 것이다. 그렇기에 철근의 이음 시에는 철근의 종류, 직경, 응력 상태, 이음 위치 등을 고려하여 적절한 이음 방법을 선택해야 한다.

2. 철근 이음의 위치

철근의 이음은 어느 경우에나 힘의 전달이 연속적이어야 하며 응력 집중 등 부작용이 생기지 않아야 한다. 따라서 철근 이음의 위치는 가능한 한 응력이 집중되지 않은 곳으로 하는 것이 바람직하다. 철근이 사용되는 모든 철근콘크리트 부재, 즉 기초, 기둥, 보, 벽체, 슬래브에서 철근의 이음이 필요하다. 기초와 기둥에서 철근 이음 위치는 휨모멘트가 가장 적은 중앙부에서 이음을 하는 것이 좋다. 보를 예로 들면 상단부에서는 중앙부가 하단부에서는 단부가 휨모멘트가 적으므로 이 부위에서 이음을 하는 것이 좋다. 슬래브 또한 보가 있는 단부의 상단 면에서 응력이 집중되므로 보와 동일하게 상부근은 중앙부, 하부근은 단부에서 철근 이음을 권장한다. 벽체는 이음 위치가 어느 곳이라도 크게 상관없다.

3. 철근 이음의 종류

철근의 이음은 크게 겹침 이음, 가스 압접 이음, 용접 이음, 기계식 이음으로 나뉜다. 철근 이음은 각각의 장단점을 갖고 있지만 기계식 이음의 품질이 가장 우수하다고 알려져 있다. '콘크리트구조 정착 및 이음 설계 기준'과 '건축물 내진설계 기준'에 따르면 D35 이상의 직경이 큰 철근은 겹침 이음이 제한된다. 또한 기둥과 보의 소성힌지 구간의 구조적 취약부에는 겹침 이음과 용접 이음이 제한된다. 반면 기계식 이음의 사용은 제한되는 구간이 없을뿐더러 구조적으로 취약한 부재에서 기계식 이음을 권장하니 타 이음 대비 품질이 우수하다 할 수 있다. 또한 한국건축시공학회 논문집의 〈SD500 철근커플러 이음의 편익/비용 분석에 관한 연구〉에서 건설회사 실무 경력 10년 이상인 전문가를 대상으로 한 30부의 설문 조사 결과, 구조적 안정성 항목에서 기계적 이음이 겹침 이음보다 2배 이상의 높은 점수를 받았다.

1) 겹침 이음

겹침 이음은 철근의 단부를 결속선을 사용하여 단순히 겹쳐서 잇는 방법으로 철근의 사용 초기부터 사용되어 온 공법이다. 겹침 이음 구조의 핵심은 철근과 콘크리트의 부착력, 마찰력, 그리고 철근 리브의 기계적 저항력에 의해 철근에 가해지는 압축력 및 인장력에 저항하는 것이다. 따라서 콘크리트 없이 소정의 인장강도가 확보되는 타 이음과 달리 겹침 이음은 콘크리트의 품질 확보가 필수다. 겹침 이음은 구경이 작은 철근을 위주로 여러 부위에 이음 공법으로 사용되나, 철근 구경이 커질수록 겹침 이음 부위의 철근량이 많아지게 된다. 이에 기둥과 보의 접합부는 철근 배근이 복잡하게 되고 부재 단면이 커져서 콘크리트, 거푸집 비용이 증대하는 등 경제성이 떨어지는 것이 특징이다.

(1) 겹침 이음 길이

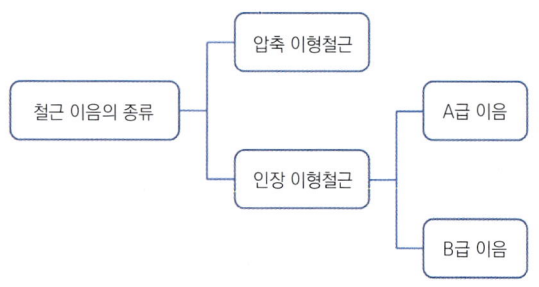

철근 이음의 종류 구분

겹침 이음은 인장력을 받는 철근과 압축력을 받는 철근의 이음으로 구분된다. 인장력을 받는 철근의 겹침 이음은 A급과 B급으로 나뉜다. 철근의 겹침 이음 길이와 정착 길이는 〈철근 관련 규격 모음〉에서 확인할 수 있다.

A급 이음	배치된 철근량이 이음부 전체 구간에서 해석 결과 요구되는 소요 철근량의 2배 이상이고 소요 겹침 이음 길이 내 겹침 이음된 철근량이 전체 철근량의 1/2 이하인 경우
B급 이음	A급 이음에 해당하지 않는 모든 경우

💡 인사이트: 압축철근과 인장철근

겹침 이음 길이를 산정하기 위해 철근은 먼저 압축 이형철근과 인장 이형철근으로 나뉜다. 과연 모든 부재를 이와 같이 나눌 수 있을까? 건축물 부재 중 '보'를 살펴보자.

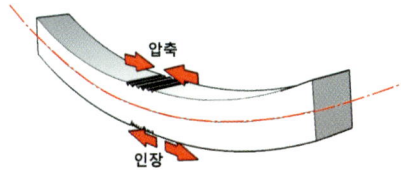

그림과 같이 보에 휨이 발생할 때 상부는 압축력이 주요하고 하부는 인장력이 주요하다. 하지만 부재의 위치와 작용하는 힘이 고정되어 있는 경우는 극히 드물다. 부재에 작용하는 응력에는 휨, 전단, 비틀림, 압축, 인장 등이 있다. 이를 사전에 산정하여 압축철근과 이형철근으로 나누는 것은 현실적으로 힘들다. 그렇기 때문에 실제로는 안전을 위하여 보수적으로 정착 및 이음 길이가 더 긴 인장철근으로 간주하여 철근을 배근하는 경우가 대부분이다. 물론 절대적인 기준이 될 수는 없겠지만 아래와 같이 인장과 압축 부재를 나눌 수 있다.

1) 기둥: 기둥은 주로 수직 방향의 압축력이 가장 크다. 물론 기둥이 휨을 받으면 보와 마찬가지로 인장력과 압축력이 발생하지만 실제로 압축력을 상쇄할 정도의 인장력이 작용하는 경우는 드물다. 기둥에서는 인장력보다는 압축력에 의한 좌굴을 방지하는 것이 중요하다. 이러한 좌굴 방지의 핵심은 기둥 내 주철근을 감싸고 있는 띠철근이며, 이 띠철근은 주철근의 횡 방향 변형을 구속하는 역할을 한다. 이 과정에서 띠철근이 받는 힘은 인장력이다.

2) 보: 보는 주로 휨을 받는다. 위 그림과 같이 중심선 상부는 압축력이 주요하며 하부는 인장력이 주요하다.

3) 벽: 내력벽과 같이 하중을 받는 벽체는 기둥과 마찬가지로 압축력이 주요하나 휨 또한 받을 수 있다.

4) 슬래브: 보와 비슷한 구조로 위치에 따라서 인장 및 압축을 받는다.

(2) 겹침 이음의 규정

'KDS 14 20 52: 2021 콘크리트구조 정착 및 이음 설계 기준'에 따르면 D35를 초과하는 철근은 겹침 이음을 할 수 없다. 하지만 예외적으로 서로 다른 크기의 철근을 압축부에서 겹침 이음 하는 경우, D41과 D51 철근은 D35 이하 철근과 겹침 이음을 할 수 있다.

다발 철근은 다발 내의 개개 철근에 대한 겹침 이음 길이를 고려하여 이음 길이를 결정하여야 하며, 각 철근은 다발 철근의 개수에 따라 겹침 이음 길이를 증가해야 한다. (3개: 20%, 4개: 33%)

그러나 한 다발 내에서 각 철근의 이음은 한 군데에서 중복하지 않아야 한다. 또한 두 다발 철근을 개개 철근처럼 겹침 이음을 할 수 없다.

휨 부재에서 서로 직접 접촉되지 않게 겹침 이음된 철근은 횡방향으로 소요 겹침 이음 길이의 1/5 또는 150mm 중 작은 값 이상 떨어지지 않아야 한다.

2) 가스 압접 이음

가스 압접 이음은 잇고자 하는 철근을 맞대고 축 방향으로 압력을 가하여 맞댄 부를 산소-아세틸렌 불꽃 등을 사용하여 가열하여 접합하는 방법이다.

굵은 철근의 이음 시 비교적 손쉽게 이음이 가능하며 시공비가 상대적으로 저렴한 장점이 있다. 하지만 특수한 기능공(용접공)이 필요하고 숙련도에 따라 품질이 변할 수 있으며 기후 조건에 따라서도 이음부의 품질에 차이가 발생할 수 있다.

(1) 가스 압접 이음의 종류

가스 압접의 종류로는 수동 가스 압접과 자동 가스 압접으로 나눌 수 있는데 차이점은 이음의 수작업 여부이다. 수동 가스 압접은 일반적으로 기후에 따라서 품질의 변화가 크고, 자동 가스 압접은 시공 속도와 시공 장비 등이 시공성을 좌우하게 됨으로써 경제성이 떨어지는 단점이 있다.

(2) 가스 압접 이음의 시공 방법

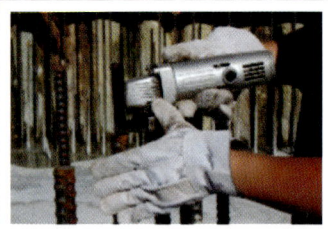	① 철근 단면을 그라인더로 평평하게 가공한다.
	② 압접하는 2개의 철근을 압 접기에 의해 맞댄다. 이때, 편심 및 휨이 생기지 않도록 한다.
	③ 압접하는 철근을 1~3차 가압 및 가열을 하여 압접돌출부의 지름이 철근지름의 1.4배 이상, 압접돌출부의 길이는 1.2배 이상이 되도록 한다.

철근 가스 압접 이음 순서

💡 인사이트: 가스 압접은 용접 이음인가?

가스 압접과 용접은 철근공사의 품질관리자라면 한 번쯤 고민해 봤을 만한 내용일 것이다. 철근의 이음 방법은 겹침 이음, 기계식 이음, 가스 압접 이음, 용접 이음 등으로 나뉜다. 그리고 품질관리 기준과 시공 기준에서도 가스 압접과 용접의 시험 항목이 나뉘어 있다. 하지만 현행 구조설계 기준은 혼동의 여지가 있다. '콘크리트구조 정착 및 이음 설계 기준'에 따르면 용접 이음은 용접용 철근을 사용하도록 되어 있다. 용접이나 가스 압접에 대한 지식이 없다면 용접 이음에만 적용을 하고 지나갈 수 있지만 많은 사람들이 가스 압접이 용접에 포함될 수 있다고 생각한다. 사전에는 압접법의 정의가 접합 부분에 압력을 가하여 용착을 시키는 용접 방법이라고 기술되어 있다. 또한 영문 번역을 하여도 용접은 'Welding', 압접은 'Pressure welding'이다. 즉 가스 압접은 가압을 하는 용접이라는 뜻이다. 이러한 사실에 입각해 다시 바라보면 구조설계 기준에서 가스 압접 또한 용접용 철근을 사용해야 하는 것이 아닌가 하는 의구심이 든다. '한국건축구조기술사회'에 가스 압접과 관련된 내용의 질문이 올라왔는데 이를 요약하자면 다음과 같다.

> Q. 건축구조기준 KDS 14 20 52에 의하면 "용접 이음은 용접용 철근을 사용해야 하며…(이하 중략)"라고 명기되어 있는데 철근 이음 시 가스 압접 이음을 사용할 경우에는 용접 이음과 관련된 설계 기준을 적용해야 하나요?

> A. KDS 14 20 52 콘크리트 정착 및 이음 설계 기준 등에는 가스 압접에 대한 상세한 내용은 언급되어 있지 않은 것으로 확인됩니다. 그러나 가스 압접도 용접 이음과 관련한 설계 기준의 "용접용 철근을 사용하고, 설계 기준 항복강도의 125% 이상을 확보"하는 용접 이음과 관련한 설계 기준을 보수적으로 적용하는 것이 문제가 없을 것으로 판단됩니다.

이는 '한국건축구조기술사회'에서도 명확한 답변을 할 수 없고 보수적으로 적용하는 것이 좋을 것 같다는 뜻이다.

하지만 'KS B 0554:2014 철근콘크리트용 봉강의 가스 압접 이음 기술 검정에 대한 시험 방법 및 판정 기준'에 따르면 "시험에 사용하는 재료로 KS D 3504에 규정하는 SD350, SD400, SD400W, SD500, SD500W, SD600을 시험재용 봉강으로 한다."라고 되어 있다. 즉, SD400W, SD500W와 같은 용접용 철근을 사용하지 않고 일반 철근을 사용해도 된다는 것이다. 설계 기준에서는 가스 압접 시 어떤 철근을 사용해야 하는지 기재되지 않았지만 KS 시험 방법 표준에 일반용 철근의 사용이 가능하다고 명확하게 기재되어 있다. 그렇기 때문에 가스 압접에서 일반용 철근의 사용이 가능한 것으로 보인다. 그러나 혼동의 여지가 있으므로 구조설계 기준에서도 명확한 기준을 제시하는 것이 바람직할 것이다.

추가로 최근 내진용 철근의 사용이 빈번해지는데 이에 따른 가스 압접의 기준도 함께 갱신하는 것이 좋을 것 같다.

3) 용접 이음

철근의 용접 이음은 철근을 맞댐, 겹침, 혹은 십자 형태 등의 방법으로 용접하여 이음하는 것이다. 철근 용접 이음 시에는 용접용 철근(SD400W, SD500W) 사용이 필수라서 국내 현장에서의 실수요는 많지 않다.

(1) 용접 이음의 종류

용접 이음은 하중을 받는 용접 이음과 하중을 받지 않는 용접 이음으로 나뉜다. 하중을 받는 용접 이음에는 십자형 이음, 맞대기 이음, 겹침 이음 등이 있으며 이 중 겹침 이음이 일반적이다. 또한 용접 이음 형태별로 용접 절차와 철근 직경의 범위가 나뉘어 있다.

용접 절차	용접 이음 형태	하중을 받는 용접 이음에 대한 철근 지름의 범위 mm
저항 점 용접	십자형 이음	4~20
프로젝션 용접		
플래시 용접	맞대기 이음	5~50
저항 맞대기 용접		5~25
마찰 용접	맞대기 이음	6~50
마찰 용접	다른 구성품과의 이음	6~50
가스 압접	맞대기 이음	6~50
피복아크용접 무가스 플럭스코어드 아크용접 가스 금속 아크용접 플럭스코어드 아크용접	배킹 없는 맞대기 이음	16 이상
	영구 배킹 맞대기 이음	12 이상
	겹침 이음	6~32
	띠 이음	6~50
	십자 이음	6~50
	다른 구성 요소와의 이음	6~50

(2) 겹침 용접 이음 길이

편면 단속 겹침 이음에 사용되는 이음은 그림과 같이 용접되어야 한다.

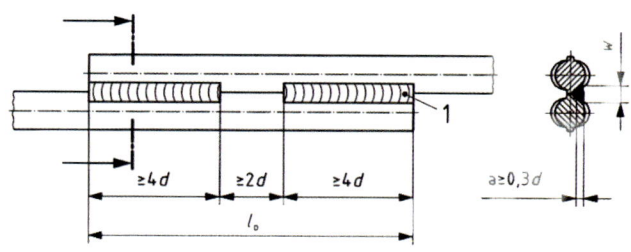

- 식별 부호

1: 용접, a: 목 두께, d: 두 개의 용접된 철근 중 가는 것의 공칭 지름, lo: 전체 겹침 길이, w: 용접 폭

비고: 최소 용접 길이 2.5d의 양면 용접도 가능하다. 보수적으로 판단한 유효 목 두께는 대략 0.5w로 할 수 있다.

4) 기계식 이음(커플러)

철근의 기계식 이음은 철근의 두 축을 연결하는 연결구인 커플러를 사용하여 이음을 하는 것이다. 철근의 기계식 이음은 1970년대 초반 일본과 유럽에서 활발하게 개발되었으며 국내에서는 1995년부터 여러 형태의 이음 방법이 개발되고 있다. 철근의 기계식 이음은 타 이음 대비 신뢰도가 높은 것이 특징이며, 구조물의 대형화 및 내진설계의 필수 요건으로 대두되고 있어서 수요가 점차 늘어나고 있다.

(1) 기계식 이음의 종류

기계식 이음은 크게 아래와 같이 분류할 수 있다.

이음 분류	소분류	사진
철근 가공 방식	나사 커플러	
	테이퍼 나사 커플러	
현장 체결식	원터치 커플러	
	편체식 커플러	
	철근나사 커플러	
볼팅 방식	볼트 커플러	
압착 방식	강관압착 커플러	
모르타르 주입 방식	그라우트 슬리브 커플러	

철근 가공 방식은 철근에 나사를 가공하여 소켓(커플러)을 돌려 연결하는 방식이다. 일반적으로 가공 방식의 분류는 나사부의 경사가 없는 일반 나사 커플러와 체결의 편의성을 높인 테이퍼 나사 커플러가 있다. 현장 체결식은 철근에 추가 가공이 필요하지 않으며 현장에서 공구 없이 혹은 간단한 공구만으로 체결하는 방식이다. 그중 몇 가지를 나열하면 최근 편의성이 강화된 원터치 커플러와 철근이 나선형으로 이루어진 나사 철근 커플러, 편체를 삽입하는 편체식 커플러 등이 있다. 볼팅 방식은 철근을 슬리브에 삽입 후 일렬로 배치된 볼트를 조이는 방식이며, 압착 방식은 철근을 슬리브에 삽입 후 압착 기계를 사용해 철근과 슬리브를 일체화하는 방식이다. 마지막으로 모르타르 주입 방식은 철근을 슬리브에 삽입 후 슬리브 내부에 모르타르를 주입하여 경화하는 방식이다. 국내에서 사용되는 방식은 대부분 철근 가공 방식 중 나사 커플러 또는 현장 체결식 중 원터치 커플러이다. 기재된 여러 기계식 이음 공법은 다음 장에서 자세히 다뤄 볼 것이다.

Ⅲ.
철근 이음의 검사

철근 이음은 이음 전후로 검사가 필요하다. 건설 현장에서 철근 이음에 대한 검사의 기준은 '한국산업표준'(KS규격)과 '건설기술 진흥법 설계 및 시공 기준'('KDS 14 20 52 콘크리트구조 정착 및 이음 설계 기준', 'KDS 14 20 80 콘크리트 내진설계 기준', 'KCS 14 20 00 철근공사'), 그리고 '국토교통부 건설공사 품질시험 기준'인 '건설공사 품질관리 업무지침' 을 바탕으로 현장의 설계도서를 만들어 시험을 하여야 한다.

💡 인사이트: 건설기준코드

2024년 기준으로 운영되고 있는 건설기준코드는 표준시방서 KCS(Korean Construction Specification)와 설계 기준 KDS(Korean Design Standard)으로 나뉘어 있다.

이는 2018년 개정되기 이전에 각각 운영되던 기준들을 통폐합하여 기준 간 중복되거나 상충되는 부분을 정비하고 개정이 용이하도록 코드화한 것이다.

표준시방서 KCS와 설계 기준 KDS는 건설공사를 할 때 필요한 설계도서를 작성하기 위한 기준이다. 여기서 표준시방서 KCS는 시공 기준이라고도 불리며, 공사에 대한 표준안을 설명한 문서이다. 설계 기준 KDS는 공사를 진행할 때 일정한 순서를 정리해 놓은 문서로 설계도면에 표시하는 정보를 담고 있다. 앞으로 설명할 기준에서 '시공 기준'과 '설계 기준'이라는 표현을 자주 쓸 것인데 이는 각각 건설기준코드의 표준시방서 KCS와 설계 기준 KDS로 받아들이면 된다.

하지만 각 기준서들마다 철근 이음의 검사 항목에 대해 조금씩 다르게 서술하고 있다. 그렇기 때문에 실무자들이 종종 어떤 기준을 따라가야 할지 난해할 때가 있다. 여기서는 각각의 기준에서 다루는 규정들을 한자리에서 비교, 대조하는 방식으로 독자의 이해도를 높이고자 한다.

1. 소재 및 결함 검사

1) 위치 및 외관 검사

위치 및 외관 검사는 겹침 이음, 가스 압접 이음, 기계적 이음, 용접 이음 모두에서 필요하며 이음의 위치, 외관 결함 등을 검사하는 시험이다.

종류	항목	시험·검사 방법	시기·횟수	판정 기준
겹침 이음	위치	육안 관찰 및 자에 의한 측정	가공 및 조립 때	철근 상세도와 일치할 것
	이음 길이			
가스 압접 이음	위치	외관 관찰, 필요에 따라 자, 버니어캘리퍼스 등에 의한 측정	전체 개소 전체 개소	철근 상세도와 일치할 것
	외관 검사			사용 목적을 달성하기 위해 정한 별도의 것
기계적 이음	위치	육안 관찰, 필요에 따라 자, 버니어캘리퍼스 등에 의한 측정(커플러 이음의 헐거움 여부를 중심으로 커플러 내·외경 및 길이, 철근 가공 치수 등이 이상 없을 것)	전체 개소 전체 개소	철근 상세도와 일치할 것
	외관 검사			제조회사의 시험 성적서에 사용된 시편과 일치할 것
용접 이음	외관 검사	육안 관찰 및 자에 의한 측정	모든 이음 부위마다	- 용접 치수와 용접 길이를 포함하여 철근 상세도와 일치할 것 - 용접표면 결함이 없을 것
	용접부의 결함	KS B 0816 또는 KS B 0845 또는 KS B 0896 또는 KS D 0213	1검사 로트 마다 30개	해당 KS 또는 강구조공사표준시방서(KCS 14 31 20) 4.11을 따를 것

주) 1검사 로트는 원칙적으로 동일 작업반이 동일한 날에 시공한 압접 또는 용접 개소로서 그 크기는 200개소 정도를 표준으로 함.

KCS 14 20 11 철근공사 2022

종별	시험 종목	시험 방법	시험 빈도
겹침 이음	위치	육안 관찰 및 스케일에 의한 측정	가공 및 조립 시
	이음 길이		
가스 압접 이음	위치	육안 관찰 및 스케일에 의한 측정	전체 개소
	외관 검사		
기계적 이음	위치	육안 관찰, 필요에 따라 스케일, 버니어캘리퍼스 등에 의한 측정	전체 개소
	외관 검사		
용접 이음	외관 검사	육안 관찰 및 스케일에 의한 측정	모든 이음마다
	용접부 내부 결함	KS B 0845 또는 KS B 0896	500개소마다

건설공사 품질관리 업무지침 2022

(1) 겹침 이음

겹침 이음의 위치 및 외관 검사는 시공 기준과 건설공사 품질관리 업무지침의 품질시험 기준이 같다. (앞으로 건설공사 품질관리 업무지침은 '품질시험 기준'이라고 짧게 부르겠다.) 철근 상세도에 따라 위치와 이음 길이를 육안 혹은 자에 의해서 가공, 조립 시에 측정한다.

(2) 가스 압접 이음

가스 압접의 위치 및 외관 검사 또한 시공 기준과 품질시험 기준이 같으며 위치는 철근 상세도와 일치하여야 한다. 외관 검사는 'KS B 0554:2014 철근콘크리트용 봉강의 가스 압접 이음 기술 검정에 대한 시험 방법 및 판정 기준'을 근거로 아래와 같다.

> 철근 중심축의 편심량, 굽음, 압접 덧살 모양·터짐 등 사용상 해롭다고 인정되는 유무를 육안검사 또는 버니어캘리퍼스, 자 등의 기구를 사용하여 행한다.
> 외관 시험의 결과는 모든 시험편이 다음 각 항목을 만족해야 한다.
> a) 압접부에 있어서 서로의 철근 중심축의 편심량은 철근의 지름 또는 공칭 지름의 1/5 이하
> b) 압접부의 압접 덧살의 지름은 원칙적으로 철근의 공칭 지름의 1.4배 이상
> c) 압접부는 심한 테 모양, 처짐이나, 굽음 등이 없을 것

KS B 0554:2014 철근콘크리트용 봉강의 가스 압접 이음 기술 검정에 대한 시험 방법 및 판정 기준

(3) 기계적 이음

기계적 이음의 위치 및 외관 검사 기준은 품질시험 기준보다 시공 기준이 조금 더 상세히 다루고 있다. 위치는 철근 상세도에 따라 검사를 하며, 외관 검사는 커플러 이음의 헐거움 여부를 파악하기 위해서 철근 내·외경 및 길이와 철근의 가공 치수를 파악한다고 되어 있다. 이는 기계적 이음 중 나사 커플러에 대한 측정으로 판단되며 나사 커플러는 철근에 나사 가공을 필요로 하기 때문에 헐거움 여부에 따라 인장응력 등의 응력 검사 시험 결과에 영향을 미칠 수 있다.

> 💡 **인사이트: 나사 커플러 실무 지식**
>
> 나사 커플러는 나사의 기계적 성능에 대한 신뢰도가 높고 범용적 사용이 가능하기 때문에 국내외 건설 현장에서 가장 많이 쓰이는 기계적 이음이다. 하지만 철근의 나사 가공은 절삭방식이 아닌 전조방식을 사용하기 때문에 나사의 정밀도가 높지 않다. 그렇기 때문에 현장의 시공성을 높이기 위해서 철근 나사부와 커플러의 나사부에 공차를 조정해 커플러를 헐겁게 생산하는 경우가 있다. 현장의 시공성은 좋아지지만 인장응력, 잔류변형량 등의 응력 시험에 악영향을 미칠 수 있으니 이를 중점으로 검사하는 것이 바람직하다.

(4) 용접 이음

철근의 용접 이음은 철근 상세도에 따라서 용접 치수와 용접 길이 등을 외관 검사를 한다. 용접부 내부 결함 검사는 다양한 용접법이 있기 때문에 이에 맞는 내부 결함을 용접부 검사 방법에 따라 검사한다.

2) 초음파 탐사 검사

초음파 탐사 검사는 가스 압접에서 필요한 시험으로 가스 압접한 부위에 초음파를 투입하여 용접 상태나 결함 유무, 위치를 검출하는 비파괴 검사다.

종류	항목	시험·검사 방법	시기·횟수	판정 기준
가스 압접 이음	초음파 탐사 검사	KS B 0839	1검사 로트 마다 30개	사용 목적을 달성하기 위해 정한 별도의 것

주) 1검사 로트는 원칙적으로 동일 작업반이 동일한 날에 시공한 압접 또는 용접 개소로서 그 크기는 200개소 정도를 표준으로 함.

KCS 14 20 11 철근공사 2022

종별	시험 종목	시험 방법	시험 빈도	비고
가스 압접 이음	초음파 탐사 검사	KS B 0839	1검사 로트에 30개소 이상	1검사 로트는 1조의 작업만이 하루에 시공하는 압접 개소의 수량

건설공사 품질관리 업무지침 2022

초음파 탐사 검사의 합격 기준은 'KS B 0839:2021 철근콘크리트용 봉강의 가스 압접 이음 기술 검정에 대한 시험 방법 및 판정 기준'을 근거로 아래와 같다.

> 초음파 탐사 검사는 범용 혹은 전용 초음파 탐상기를 사용하여 진행하며 허용 기준은 아래와 같다.
> ① 범용 초음파 탐상기를 사용하였을 때, 압접부의 부푼 곳의 양쪽에 대한 검사에서 영상 표시기 전체 화면의 50% 이상의 신호가 어느 쪽에서도 검출되지 않았다면, 그 압접부는 이 검사를 통과한 것으로 한다.
> ② 전용 초음파 탐상기를 사용하였을 때, 압접부의 부푼 곳의 양쪽에 대한 검사에서 경보등이 어느 쪽에서도 켜지지 않았다면, 그 압접부는 이 검사를 통과한 것으로 한다.

KS B 0839:2021 철근콘크리트용 이형 봉강 가스 압접부에 대한 초음파 탐사 검사 방법 및 허용 기준

2. 응력 검사

응력 검사의 종류로는 일방향 인장 시험, 굽힘 시험, 정적 내력 시험, 저사이클 반복 시험, 고응력 반복 내력 시험, 고사이클 피로 시험, 저온 성능 시험, 고응력 인장 압축 반복 시험이 있다. 이 시험들의 특징과 어떤 철근 이음에 어떻게 적용되는지 알아보도록 한다.

1) 일방향 인장 시험

일방향 인장 시험은 겹침 이음을 제외한 가스 압접 이음, 기계적 이음, 용접 이음에 필요한 시험으로 철근의 한쪽은 고정하고 반대쪽을 잡아당겨서 연결체의 결합력을 측정하는 것이다.

종류	항목	시험·검사 방법	시기·횟수	판정 기준
가스 압접 이음	인장 시험	KS B 0554	1검사 로트 마다 3개	설계 기준 항복강도의 125%
기계적 이음	인장 시험	제조회사의 시험 성적서에 의한 확인 또는 별도 인장 시험	설계도서에 의함	설계 기준 항복강도의 125%
용접 이음	인장 시험	KS B 0802 KS B ISO 17660-1	1검사 로트 마다 3개	설계 기준 항복강도의 125%

주) 1검사 로트는 원칙적으로 동일 작업반이 동일한 날에 시공한 압접 또는 용접 개소로서 그 크기는 200개소 정도를 표준으로 함.

KCS 14 20 11 철근공사 2022

종별	시험 종목	시험 방법	시험 빈도	비고
가스 압접 이음	일방향 인장 시험	KS B 0554	1검사 로트에 3개 이상	1검사 로트는 1조의 작업반이 하루에 시공하는 압접 개소의 수량
기계적 이음	인장응력 (일방향 인장 시험)	KS D 0249	- 제조회사별 - 제품 규격별 1,000개소 1회: 2개 채취	철근 체결 후 시험
용접 이음	인장 시험	KS B 0802, 0833	500개소마다	

건설공사 품질관리 업무지침 2022

> 용접 이음과 기계적 이음은 다음 강도 규정에 따라야 한다.
> 1. 용접 이음은 용접용 철근을 사용해야 하며, 철근의 설계 기준 항복강도 fy의 125% 이상을 발휘할 수 있는 용접이어야 한다.
> 2. 기계적 이음은 철근의 설계 기준 항복강도 fy의 125% 이상을 발휘할 수 있는 기계적 이음이어야 한다.

KDS 14 20 52 콘크리트구조 정착 및 이음 설계 기준 2021

(1) 가스 압접의 인장 시험 기준 해설

가스 압접의 인장 시험 기준은 시공 기준과 품질시험 기준, 그리고 KS 시험에 따라 합격 여부가 조금 상이하다.

'KS B 0554 철근콘크리트용 봉강의 가스 압접 이음 기술 검정에 대한 시험 방법 및 판정 기준 2014'에 따르면 일방향 인장 시험 결과는 철근의 기준인 'KS D 3504'의 다음 표를 만족하도록 되어 있다.

표 3 - 기계적 성질

종류 기호	항복점 또는 항복강도 N/mm²	인장강도[a] N/mm²	인장 시험편	연신율[b] %	굽힘성	
					굽힘 각도	안쪽 반지름
SD300	300~420	항복강도의 1.15배 이상	2호에 준한 것	16 이상	180°	D 16 이하 : 공칭 지름의 1.5배
			3호에 준한 것	18 이상		D 16 초과 : 공칭 지름의 2배

종류 기호	항복점 또는 항복강도 N/mm²	인장강도[a] N/mm²	인장 시험편	연신율[b] %	굽힘성		
					굽힘 각도	안쪽 반지름	
SD400	400~520	항복강도의 1.15배 이상	2호에 준한 것	16 이상	180°		공칭 지름의 2.5배
			3호에 준한 것				
SD500	500~650	항복강도의 1.08배 이상	2호에 준한 것	18 이상	90°	D 25 이하	공칭 지름의 2.5배
			3호에 준한 것	12 이상		D 25 초과	공칭 지름의 3배
SD600	600~780	항복강도의 1.08배 이상	2호에 준한 것	14 이상	90°	D 25 이하	공칭 지름의 2.5배
			3호에 준한 것	10 이상		D 25 초과	공칭 지름의 3배
SD700	700~910	항복강도의 1.08배 이상	2호에 준한 것	10 이상	90°	D 25 이하	공칭 지름의 2.5배
			3호에 준한 것			D 25 초과	공칭 지름의 3배
SD400 W	400~520	항복강도의 1.15배 이상	2호에 준한 것	16 이상	180°		공칭 지름의 2.5배
			3호에 준한 것	18 이상			
SD500 W	500~650	항복강도의 1.15배 이상	2호에 준한 것	12 이상	180°	D 25 이하	공칭 지름의 2.5배
			3호에 준한 것			D 25 초과	공칭 지름의 3배
SD400 S	400~520	항복강도의 1.25배 이상	2호에 준한 것	14 이상	180°		공칭 지름의 2.5배
			3호에 준한 것	16 이상			
SD500 S	500~620	항복강도의 1.25배 이상	2호에 준한 것	18 이상	180°	D 25 이하	공칭 지름의 2.5배
			3호에 준한 것	12 이상		D 25 초과	공칭 지름의 3배
SD600 S	600~720	항복강도의 1.25배 이상	2호에 준한 것	14 이상	90°	D 25 이하	공칭 지름의 2.5배
			3호에 준한 것	10 이상 10 이상		D 25 초과	공칭 지름의 3배

[a] 인장강도는 실측한 항복강도의 비율로서 규정된 비율 이상이어야 한다.
[b] 이형 봉강에서 치수가 호칭명 D 32를 초과하는 것에 대해서는 호칭명 3을 증가할 때마다 표 2의 연신율의 값에서 각각 2을 감한다. 다만, 감하는 한도는 4로 한다.

철근의 기계적 성질 (KS D 3504:2016 철근콘크리트용 봉강)

(2) 기계적 이음 기준 해설

기계적 이음의 인장 시험 기준은 설계 기준, 시공 기준, 품질시험 기준이 동일하다. 기계적 이음의 인장강도는 설계 기준 항복강도의 125% 이상이어야 한다. 각 기준서에서 동일한 기준을 수록하고 있으며, 현장의 철근 담당자들도 이 '125%'라는 수치를 대부분 인지하고 있기에, 오류가 없는 것으로 보이지만 그리 간단하지 않다. 실무자 입장에서 혼란스러울 수 있는 내용을 아래와 같이 정리해 보았다.

간단해 보이는 일방향 인장 시험에서도 여러 분쟁거리가 있다. 인장 시험 결과의 해석이 다를 수 있기 때문이다. 이는 구조설계 기준과 시공 기준, 이 두 가지 사례로 나뉜다.

구조설계 기준에서 혼란을 야기할 수 있는 것은 목적어가 없다는 것이다.

> **구조설계 기준 내 기계적 이음 규정**
> - 기계적 이음은 철근의 설계 기준 항복강도 f_y의 125% 이상을 발휘할 수 있는 기계적 이음이어야 한다.

기계적 이음의 어떤 값이 설계 기준 항복강도의 125% 이상을 발휘해야 하는지 기재되어 있지 않으니 건설 현장 관계자의 해석이 필요하다. 가끔 현장에서 이런 질문을 한다. "콘크리트 구조 기준에 보면 항복강도가 설계 기준 항복강도의 125% 이상이 나와야 하는 게 아닙니까?" 물론 철근에 대한 지식이 어느 정도 있다면 상기 문구가 인장강도를 의미한다는 것을 추측하여 알 수 있지만 모든 건설 관계자가 철근에 대한 전문가가 아니기 때문에 혼란을 줄 수 있는 기준은 명확하게 바뀔 필요가 있다고 생각한다.

또한 시공 기준과 구조설계 기준 공통적으로 해당하는 문제점은 기계적 이음 시험 시 인장강도가 언제나 설계 기준 항복강도의 125% 이상을 발휘할 수 없다는 점이다. 이는 철근의 강도와 관계되는데 〈1장. 철근의 기초〉에서 철근의 규격을 다시 확인해 보자.

철근의 규격 내 인장강도는 실측 항복강도의 1.08배 이상이다. (SD500, SD600의 경우) 그렇다 보니 만약 철근의 실제 항복강도가 500MPa라면 인장강도 기준은 540MPa 이상이다. 기계적 이음의 인장강도 기준치인 625MPa(500MPa의 1.25배)보다 낮은 값이다. 철근의 기계식 이음 시험은 철근이 체결된 상태에서 시험을 하기 때문에 기계식 이음 강도가 철근의 강도보다 높을 수 없다. 이 때문에 언제나 기계식 이음의 인장강도가 설계 기준 항복강도의 125% 이상을 발휘할 수 없다는 것이다. 필자는 국토교통부에 이에 대한 내용을 문의해 답변을 받았다.

> Q. 철근의 인장강도 기준이 기계식 이음의 기준인 최소규격 항복강도의 125%보다 낮은 경우 시험편이 125%에 도달하기 전에 철근이 먼저 끊어지는 경우가 있다. 이 경우 커플러의 성능이 문제가 없더라도, 인장강도가 상기의 125%보다 낮게 측정된다. 이때의 합격 여부가 어떻게 되는가?

> A. KS D 3504를 만족시키는 철근의 실제 인장강도가 설계 기준 항복강도의 125% 이하이고 기계식 이음을 한 철근의 인장 시험에서 철근이 파단되는 경우, 이 기계식 이음은 "설계 기준 항복강도의 125%"를 만족시키는 것으로 볼 수 있다.

국토부의 답변 역시 상식을 벗어나지 않았는데 현장에서는 문자 그대로 해석하려는 경향이 있어서 종종 오해가 생긴다.

해당 내용을 근거로 기계식 이음의 인장강도 품질시험을 하였을 때 합격 판단 기준을 예시로 나타내면 다음과 같다.

	조건 (SD600 철근 기준)	판단 (규격 항복점의 125% = 750MPa)	합격 여부
사례1	인장강도 760MPa, 철근 파단	규격 항복점의 125% 이상이며 철근이 파단되어 합격	합격
사례2	인장강도 720MPa, 철근 파단	규격 항복점의 125% 이하이나 철근 실제 인장강도가 750MPa(규격항복강도의 125%) 이하라면 철근 파단이기에 합격	합격
사례3	인장강도 770MPa, 커플러 파단	규격 항복점의 125% 이상이므로 합격	합격
사례4	인장강도 720MPa, 커플러 파단	규격 항복점의 125% 미만이며, 커플러가 파단되었으므로 불합격	불합격

물론 이와 같은 내용이 'KS D 0249: 2019 철근콘크리트용 봉강의 기계식 이음의 검사 방법'의 일방향 인장 시험 판정 기준에 수록되어 있다. 하지만 혼란을 방지하기 위해 구조설계 기준과 시공 기준 내 인장강도 기준을 수정하는 것이 바람직할 것으로 보인다.

> **KS D 0249 일방향 인장 시험 판정 기준**
> - 일방향 인장 시험의 결과는 모든 시험편의 파단강도가 모재 철근 규격 최소 항복점의 125% 이상 또는 모재 철근의 인장강도 이상이어야 한다.

(3) 용접 이음 기준 해설

용접 이음의 일방향 인장 시험 기준 또한 철근의 설계 기준 항복강도의 125%로 기계적 이음과 같다. 그렇기 때문에 필자가 앞서 기술한 문제를 공유하고 있다. 시험 빈도는 품질관리 기준과 시공 기준이 상이한데 현장 상황에 맞게 기준을 정함이 맞을 것이다.

2) 굽힘 시험

굽힘 시험은 가스 압접 이음에서 필요한 시험으로 품질관리 기준에 수록되어 있다. 설계 기준과 시공 기준에는 굽힘 시험 항목이 없다.

종별	시험 종목	시험 방법	시험 빈도	비고
가스 압접 이음	굽힘 시험	KS B 0554	제품규격별 1,000 개소마다 (단, 1,000개 미만은 1회)	1검사 로트는 1조의 작업반이 하루에 시공하는 압접 개소의 수량

건설공사 품질관리 업무지침 2022

'KS B 0554:2014 철근콘크리트용 봉강의 가스 압접 이음 기술검정에 대한 시험 방법 및 판정 기준'에 따르면 굽힘 시험 방법은 'KS B 0804 금속 재료 굽힘 시험'에 규정한 눌러 굽히는 방법에 따른다고 되어 있다. 다만, 굽힘 각도는 90도로 하고, 안쪽 반지름은 아래 표에 따라 시험을 한다.

철근 직경	굽힘 각도	안쪽 반지름
D16 미만	90도	공칭 지름의 2배
D16, D19		공칭 지름의 2.5배
D22, D25		공칭 지름의 3배
D29, D32, D35		공칭 지름의 4배
D38 이상		공칭 지름의 5배

위 표의 조건으로 굽힘 시험을 하였을 때, 압접 면에 파단 또는 균열이 있어서는 안 된다.

3) 저사이클 반복 시험

저사이클 반복 시험은 모재 철근 규격 항복강도의 90%에 해당하는 상한점과 5%에 해당하는 하한점을 100회 연속적으로 반복 재하한 후 철근이 파단될 때까지 인장 시험하는 것이다.

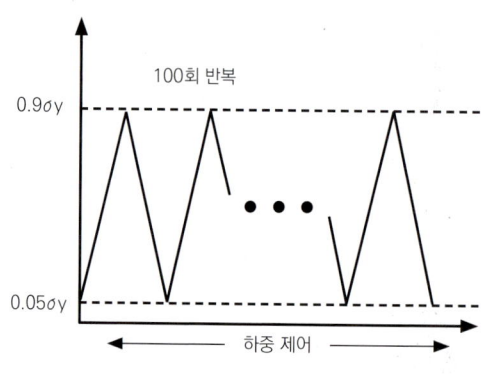

저사이클 반복 시험 방법의 개요도

2020년 건설공사 품질관리 업무지침이 개정되면서 가스 압접 이음 시행하도록 추가되었다.

종별	시험 종목	시험 방법	시험 빈도	비고
가스 압접 이음	저사이클 반복 시험	KS B 0554	제품 규격마다	

건설공사 품질관리 업무지침 2022

이 외 이음은 구조설계, 시공, 품질관리 기준을 토대로 필수항목은 아니나 고속도로 공사에서 기계적 이음 시에도 행하도록 되어 있다.

품질시험 항목

시험 항목		시험 방법	비고
외관 검사	커플러	가공상태, 이물질 여부	육안검사
	연결철근 단부	- 나사산 가공면 Oil 등 부착 여부 확인 - 연결된 철근의 수직도	육안검사
기계적 시험	항복 및 인장강도	KS B 0802 (반입 후 장기보관 등 품질 변동 우려 시 확인 시험 추가 시행)	모재 철근에서 파괴
	잔류변형량	KS D 0249(응력범위: 0.9~0.05fy) 최대잔류변형량: 0.3mm 이하	연결체의 건정성 평가
	반복인장시험	KS D 0249(100회 반복 재하 후 인장강도 측정) 모재 철근 항복응력 125% 이상 또는 인장강도 이상	내진설계 성능 확인

고속도로 건설재료 품질 기준 제21차

고속도로 건설재료 품질 기준 내 반복 인장 시험은 시험 방법으로 미뤄 보아 저사이클 반복 시험과 같은 것으로 판단되며 내진설계 성능 확인에 필요한 시험으로 기재되어 있다.

💡 인사이트: 기계적 이음에서의 저사이클 반복 시험

> 2023년 초, GS건설의 아파트 현장의 공사감리자가 철근 커플러 시험에 대해 필자에게 자문을 구한 적이 있었다. 나이가 꽤 있으심에도 불구하고 새로운 것을 공부하는 것을 좋아하시는 분이었다. 질문 내용은 현장에서 철근 커플러를 사용하는데 인장강도 시험과 잔류변형량 시험만 하면 되냐는 것이었다. 철근 커플러 시험 항목을 보다 보니 저사이클 반복 시험이라는 게 있는데 내진설계가 강화되고 있는 현시점에서 이 시험이 꼭 필요해 보인다고 하였으며 이 시험을 해야 하는 근거가 있다면 달라고 하였다. 사실 필자도 저사이클 반복 시험이 기계적 이음의 내진 성능에 큰 영향을 미친다고 생각하였지만 구조설계, 시공, 품질 기준을 근거로 필수 사항은 아니나 종종 행해지는 시험이라고 안내를 하였다. 그 당시 고속도로 건설재료 품질 기준을 근거로 내진설계 성능 확인에 필요하다고 안내를 하였다면 더 도움이 되지 않았을까 생각이 든다. 현장의 공사감리자로서 신경을 쓸 부분이 많을텐데 커플러의 필수 시험이 아닌 항목까지 검토를 하며 시험에 대한 높은 이해도와 식견에 놀랍고도 존경스러웠다. 이런 사람들이 우리나라 건설 문화 발전에 큰 도움을 준다고 생각한다.

'KS D 0249 철근콘크리트용 봉강의 기계식 이음의 검사 방법'에 따르면 저사이클 반복 시험의 판정 기준은 모든 시험에 대하여 다음 항목을 모두 만족해야 한다.

① 100회 반복 시험 후 파단될 때까지 인장 시험을 한다. 이때의 강도

는 모재 철근 규격 최소 항복점의 125% 이상 또는 모재 철근의 인장강도 이상이어야 한다.

② 사이클 반복 시험 후 인장 시험을 하였을 때, 파단 위치는 철근 파단을 원칙으로 한다. (가스 압접 이음에서의 기준은 KS B 0554로 품질 기준에 기재되어 있고 KS B 0554에 따르면 저사이클 반복 시험은 KS D 0249를 따르도록 되어 있다.)

> 💡 **인사이트: 저사이클 반복 시험과 인장강도 시험의 차이점**
>
> 저사이클 반복 시험과 인장강도 시험의 공통점은 시험편이 파단될 때까지 힘을 가하는 것이다. 그렇기 때문에 두 시험 모두 시험 성적서를 보면 인장강도와 모재 파단 여부가 기재되기 마련이다. 그런데 성적서의 판정 기준에서 저사이클 반복 시험은 인장강도 시험과 차이점이 있다.
>
> 이는 사이클 반복 시험 후 인장 시험을 하였을 때, 파단 위치가 철근 파단을 원칙으로 한다는 것이다. 앞서 설명하였던 인장강도 기준에서는 규격 항복점의 125% 이상 인장강돗값이 나온다면 모재(철근) 파단 여부는 중요하지 않았다. 즉, 커플러에서 파단이 일어나도 되지만 저사이클 반복 시험은 꼭 철근 파단이 일어나야 하기 때문에 인장강도 시험보다 조금은 규정이 강하다고 볼 수 있다.

4) 정적 내력 시험

정적 내력 시험은 상온에서의 정적 인장 시험을 통하여 작용하는 하중 하에서의 부재의 건전성을 평가하는 시험으로 응력 변화에 대한 변형량을 측정한다.

철근 모재 규격 항복점의 95%까지 하중을 가한 후 다시 모재 규격 항복점의 2%까지 제하하여 축방향 강성 및 잔류변형량을 측정하고 재차 파단될 때까지 인장 시험을 한다.

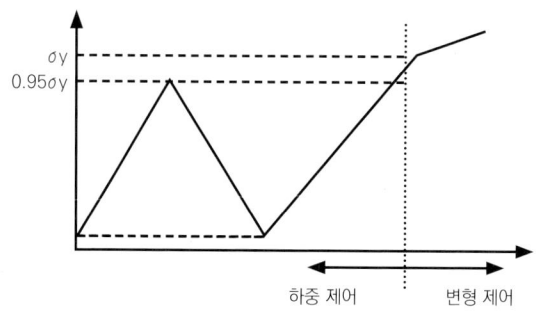

정적 내력 시험 방법의 개요도

정적 내력 시험에서 일반적으로 측정하는 것은 잔류변형량인데 이는 실무에서는 슬립(SLIP)이라고도 한다. 간단히 설명하면 철근 모재 규격 항복점의 95%까지 인장 후 변형된 양, 즉 당겼을 때 늘어난 길이를 확인하는 것이다.

2020년 건설공사 품질관리 업무지침이 개정되면서 기계적 이음 시 정적 내력 시험 중 잔류변형량 항목이 추가되었으며, 2021년 시공 기준(KCS 14 20 11 철근공사)가 개정되면서 마찬가지로 기계적 이음에서 잔류변형량 항목이 추가되었다.

종별	시험 종목	시험 방법	시험 빈도	비고
기계적 이음	잔류변형량 (정적 내력 시험)	KS D 0249	제품규격별 제조회사별	철근 체결 후 시험

건설공사 품질관리 업무지침 2022

종류	항목	시험·검사 방법	시기·횟수	판정 기준
기계적 이음	잔류변형량	KS D 0249	제품규격별 제조회사별	정적 내력 시험

KCS 14 20 11 철근공사 2022

'KS D 0249 철근콘크리트용 봉강의 기계식 이음의 검사 방법'에 따르면 정적 내력 시험의 결과는 모든 시험편이 다음 각 항목을 만족하여야 한다.

① 파단 강도는 모재 철근 규격 최소 항복점의 125% 이상 또는 모재 철근의 인장강도 이상이어야 한다.
② 축방향 강성은 아래 그림과 같이 측정하였을 때 모재 철근 규격 항복점의 70%의 응력에 대해 기울기가 모재 철근 이상이어야 하며, 또한 모재 철근 규격 항복점의 95%의 응력에 대하여는 90% 이상(A급), 모재 철근 규격 항복점의 95%의 응력에 대하여는 70% 이상(B급)이어야 한다.
③ 잔류변형량은 모재 철근 규격 항복점의 95%~2%에 해당하는 응력을 1회 반복한 후 2%일 때의 변형량이 0.3mm 이하여야 한다.

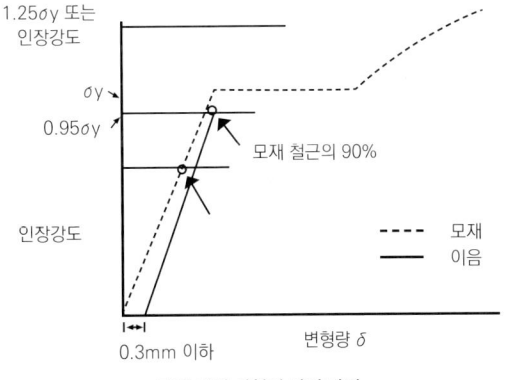

정적 내력 시험의 판정 방법

잔류변형량은 현재 철근 이음 업계에서 떠오르는 이슈이다. 기존의 기계적 이음에서 필요한 시험은 인장강도뿐이었다. 즉, 철근 모재 규격 항복점의 125% 이상의 인장강도가 확보되면 기계적 이음의 사용이 가능하였다. 2020년 이전에는 잔류변형량이 고속도로 공사 품질 기준에만 수록되어 있었기에 이를 제외한 현장에서는 인장강도가 확보된 다양한 커플러가 사용되어 왔다. 이를 반영하듯 2016년~2017년쯤 건설시장에 원터치 커플러가 큰 인기를 누리며 나타났다. 그러나 기존의 기계식 이음보다 훨씬 편리한 단순 삽입만으로 시공이 되는 원터치 커플러의 인기에 너도나도 원터치 커플러를 생산하면서 품질을 만족하지 못하는 제품이 난립하였다. 더불어 잔류변형량 기준이 있었던 고속도로 공사에도 시험성적서를 조작하여 납품하는 업체들마저 생기며 국토교통부에서 철근 커플러에 대한 대대적인 조치를 취하게 되었다. 일반적인 시험 기준인 인장강도 기준을 만족하면서 판매가 되었다면 문제가 없었을 것이다. 이와 관련된 잔류변형량 기준이 생긴 과정과 기준의 부합성 등의 내용은 이후 〈8장. 철근 이음에 관한 최신 기술과 이슈〉에서 자세히 설명하고자 한다.

5) 고응력 반복 내력 시험

고응력 반복 내력 시험은 지진 및 변형의 영향을 받는 기계적 이음의 안전성을 평가하는 시험으로 그림과 같이 하한 하중은 모재 규격 항복점의 2% 이하, 상한은 모재 규격 항복점의 95%로 하는 응력으로 반복 인장 시험을 30회 행한 후 이때의 강성 변화율 및 최대 변형량을 측정하는 것이다.

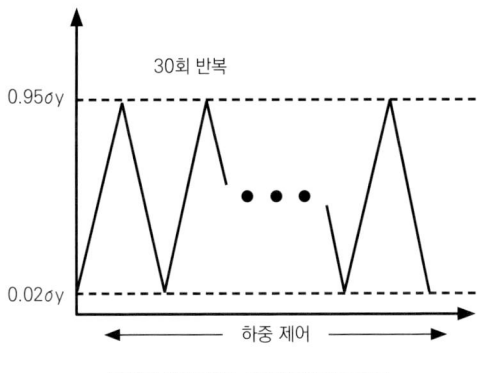

고응력 반복 내력 시험 방법의 개요도

고응력 반복 내력 시험은 기계적 이음의 시험 방법으로 앞선 4가지 시험과 달리 구조설계 기준, 시공 기준, 품질관리 기준에 수록되어 있지 않다. 즉, 필수 시험은 아니다. 하지만 'KS D 0249: 2019 철근콘크리트용 봉강의 기계식 이음의 검사 방법'의 해설에 시험에 따른 규정을 기재하였으며 내용은 아래와 같다. 고응력 반복 내력 시험의 적용 예(참고)는 탄성 내진설계된 구조물의 주철근, 저비탄성 내진설계된 구조물의 주철근, 고비탄성 내진설계된 구조물의 소성힌지 구역 외의 주철근으로 한다.

동 기준(KS D 0249)에 따른 고응력 반복 내력 시험의 결과는 그림과 같이 측정하였을 때 모든 시험편이 다음 두 항목을 만족하여야 한다.

① 30회 반복 재하에 의해 생긴 최대 변형점과 원점을 연결하는 기울기가 첫 번째 재하 시 기울기 비율의 85% 이상이어야 한다.
② 반복 가력 과정에서 30회째 재하에 의해 발생하는 최대 변형량은 0.3mm 이하여야 한다.

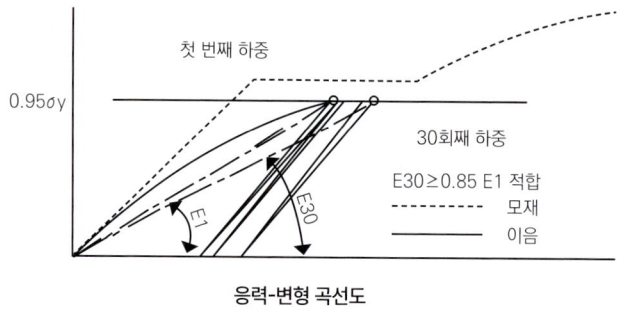

응력-변형 곡선도

6) 고사이클 피로(반복) 시험

고사이클 피로 시험은 반복 변동 하중을 받는 구조물에 대한 피로 특성을 평가하는 항목이다. 피로 하중은 그림과 같이 하한 응력인 항복강도의 15%, 상한 응력인 항복강도의 33%의 정현파(사인파)형으로 3Hz~10Hz 정도 주파수를 가하여 200만 회 반복 피로 시험을 한 후 잔류 변형량 및 파단 유무를 조사한다.

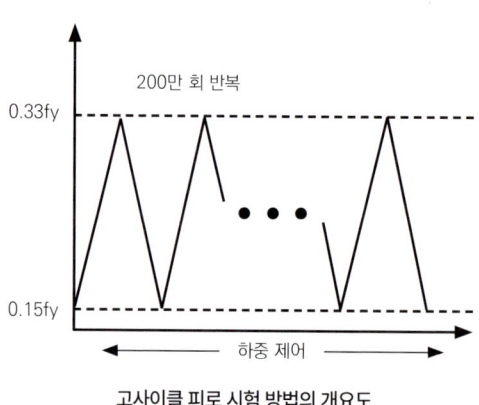

고사이클 피로 시험 방법의 개요도

고사이클 피로 시험은 원래 가스 압접 이음과 기계적 이음의 선택적인 시험이었으나 저사이클 반복 시험과 함께 2020년 건설공사 품질관리 업무지침이 개정되면서 가스 압접 이음 시험에 추가되었다.

시험 종목	시험 방법	시험 빈도	비고
고사이클 반복 시험	KS B 0554	제품 규격마다	

건설공사 품질관리 업무지침 2022

기계적 이음의 고사이클 피로 시험은 일반적으로 필수 사항은 아니나 KS D 0249의 해설에 따른 적용 예(참고)는 철도 및 교량 구조물이다. 가스 압접 이음의 고사이클 피로 시험의 시험 방법 및 판정 기준은 KS D 0249를 따르고 있어 기계적 이음의 판정 기준과 같으며 결과는 모든 시험편이 다음 두 항목을 만족하여야 한다.

① 200만 회 재하 시 시험체는 파단되지 않아야 한다.
② 잔류 변형량은 0.2mm 이하여야 한다.

💡 **인사이트: 고사이클 피로 시험의 현장 적용**

> 고사이클 피로 시험은 타 응력 시험보다도 반복 재하 횟수가 200만 회로 매우 많다. 그렇기 때문에 시험에 소요되는 비용이 1회 시험에 몇백만 원에 달할 정도로 상당하다. 2020년 품질관리 업무지침이 개정되면서 고사이클 피로시험이 가스 압접 이음의 필수 항목으로 대두되었다. 즉, 현장에서 가스 압접 이음을 적용하려면 규격별로 고사이클 반복 시험을 해야 하는 것이다. 대형 현장에서 많은 개소의 가스 압접 이음을 적용하는 경우는 괜찮겠지만 중소형 현장에서는 시험 비용의 과다로 배보다 배꼽이 더 클 수 있는 상황이다.

실례로 2021년 '대한 용접 접합학회지'에서 '철근 가스 압접 이음의 현황 및 향후과제'라는 주제로 글이 게재되었으며 내용을 발췌하면 아래와 같다.

> 철근의 시세가 상승함에 따라 현장에서 원가비용 절감을 위해 철근 가스 압접 이음을 검토하고 발주하려는 확장세를 띤다. 하지만 2020년 10월 건설공사 품질관리 기준이 개정되면서 현실에 맞지 않는 검사 종목(고사이클 반복 시험 및 저사이클 반복 시험)의 추가로 시험 기간도 20~30일이 소요되며 1회에 몇백만 원이 되는 시험 비용의 부담으로 시공사에서 발주를 취소하는 경우가 발생한다. 건설업계의 품질 강화는 바람직한 길이지만 실정에 맞게 기준을 바꾸었으면 하는 아쉬움이 있다.

2021 대한용접 접합학회지

7) 저온 성능 시험

저온 인장 시험은 공시체를 시험기에 설치한 후 저온조를 붙이고 액체질소 가스를 보내 시험 온도에 도달할 때까지 냉각하며, 시험 온도에 도달하면 약 15분간 유지한 후 인장 시험을 행한다. 이때 냉각 온도 측정은 공시체 3개소에 열전대를 설치하고 냉각은 공시체 3곳의 온도 차가 작게 유지되도록 한다.

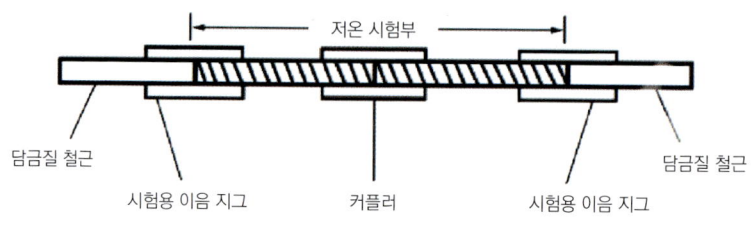

철근 이음의 저온 인장 시험 공시체

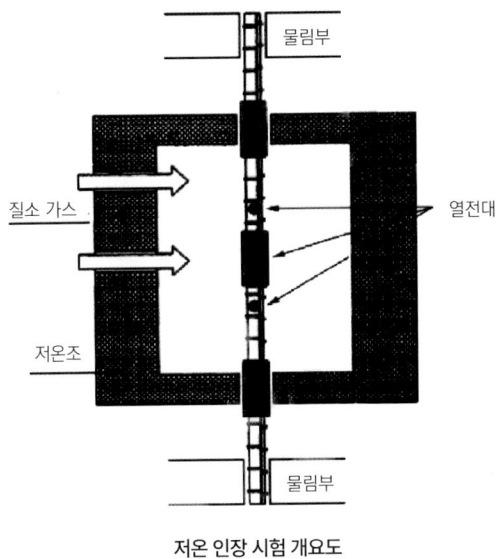

저온 인장 시험 개요도

    저온 성능 시험은 기계적 이음의 시험 방법으로 구조설계 기준, 시공 기준, 품질관리 기준에 수록되어 있지 않으며 필수 시험이 아니다. 'KS D 0249:2019 철근콘크리트용 봉강의 기계식 이음의 검사 방법'의 해설에 따르면 적용 예(참고)는 LNG 등 특수 환경이다. 동 기준을 근거로 저온 성능 시험의 결과는 모든 시험편이 다음 두 항목을 만족하여야 한다.

① 철근 이음구에서 파괴되지 않아야 하며, 취성파괴가 일어나서는 안 된다.
② 인장강도는 모재 철근 규격 최소 항복점의 125% 이상 또는 모재 철근의 인장강도 이상이어야 한다.

💡 인사이트: 저온 성능 시험의 보조 도구

2020년쯤 필자는 저온 성능 시험용 커플러에 대한 문의를 받은 적이 있다. 국내 7대 제강사 중 한 곳에서 철근에 대해 저온 성능 시험을 해야 하는데 시험용 이음 지그로 마땅한 것이 없다는 것이었다. 조건은 저온조의 기밀성(氣密性)을 유지함과 동시에 철근의 손상 없이 테스트를 할 수 있는 것이었다.

생소한 분야의 설계라 조심스러웠지만 무리 없이 시험용 지그 개발을 한 적이 있다. 지금은 보편화된 시험 방법이 생겼는지는 모르지만 그 당시에는 시험용 지그 규격품이 없는 것으로 보아 일반적으로 행하는 시험은 아니라고 추측할 수 있다.

8) 고응력 인장 압축 반복 시험

고응력 인장 압축 반복 시험은 지진의 영향으로 반복적인 인장-압축의 소성변형을 경험하는 기계적 이음의 안전성을 평가하는 시험이다. 시험 방법은 그림과 같이 세 단계의 인장-압축 반복 하중을 순차적으로 가한다. 첫 번째 단계에서는 모재 규격 항복점의 95%에 해당하는 인장 하중과 모재 규격 항복점의 50%에 해당하는 압축 하중을 20회 연속으로 반복 재하한다. 두 번째 단계에서는 모재 실제 항복변형률의 2배에 해당하는 인장 변형과 모재 규격 항복점의 50%에 해당하는 압축 하중을 4회 연속으로 반복 재하한다. 세 번째 단계에서는 모재 실제 항복변형률의 5배에 해당하는 인장 변형과 모재 규격 항복점의 50%에 해당하는 압축 하중을 4회 연속으로 반복 재하한다. 세 단계의 하중을 순차적으로 가한 후에는 재차 파단될 때까지 인장 시험을 행한다.

💡 인사이트: 항복변형률과 인장 변형 해석

시험 방법의 이해를 돕기 위해 항복변형률과 인장 변형에 대해서 설명하고자 한다. 두 번째와 세 번째 단계에서 모재 실제 항복변형률의 각각 2배와 5배에 해당하는 인장 변형까지 인장해야 하는데 이는 아래와 같이 해석할 수 있다.

예를 들어 SD500 철근의 항복강도 측정 시 500MPa가 나왔다고 가정하자. 그때 이 모재 철근의 항복변형률은 500MPa/200,000MPa=0.0025이다.

$$\epsilon_y(\text{항복변형률}) = \frac{f_y(\text{철근의 항복강도})}{E_s(\text{철근의 탄성계수})}$$

두 번째 단계의 모재 실제 항복변형률의 2배에 해당하는 인장 변형은 변형률 측정 거리가 500mm로 가정하였을 때, 500mm × 0.005=2.5mm이다. 즉, 두 번째 단계에서 2.5mm 인장 변형이 일어날 때까지 인장을 해야 된다는 뜻이다.

$$\delta(\text{변형량}) = L(\text{길이}) \times \epsilon(\text{변형률})$$

고응력 인장 압축 반복 시험은 기계적 이음의 시험 방법으로 구조설계 기준, 시공 기준, 품질관리 기준에 수록되어 있지 않으며 필수 시험이 아니다. 'KS D 0249:2019 철근콘크리트용 봉강의 기계식 이음의 검사 방법'의 해설에 따르면 적용 예(참고)는 고비탄성 내진설계된 구조물의 소성힌지 구역 주철근이다. 동 기준을 근거로 고응력 인장 압축 반복 시험의 결과는 모든 시험편의 파단강도가 모재 철근 규격 최소 항복점의 125% 이상 또는 모재 철근의 인장강도 이상이어야 한다.

9) 요약

이렇게 모든 철근 이음의 검사 및 시험 기준을 알아보았다. 상기 시험 항목들의 요약과 각 이음 별 시험 항목과 수록된 기준을 안내하고자 한다.

시험명	적용 이음	설명
위치 및 외관 검사	겹침 이음 가스 압접 이음 기계적 이음 용접 이음	겹침 이음, 가스 압접 이음, 기계적 이음, 용접 이음 모두에서 필요한 시험으로 이음의 위치, 외관 결함 등을 검사하는 시험
초음파 탐사 검사	가스 압접 이음	가스 압접 이음에서 필요한 시험으로 이음부에 초음파를 투입하여 용접 상태나 결함 유무, 위치를 검출하는 비파괴 검사
일방향 인장 시험	가스 압접 이음 기계적 이음 용접 이음	가스 압접 이음, 기계적 이음, 용접 이음에서 행하는 것으로 철근의 한쪽은 고정하고 반대쪽을 잡아당겨서 연결체의 결합력(강도)를 측정하는 시험
굽힘 시험	가스 압접 이음	가스 압접 이음에서 필요한 시험으로 이음부를 굽혀서 압접면의 파단 또는 균열 여부를 확인하는 시험
저사이클 반복 시험	가스 압접 이음 기계적 이음	가스 압접 이음, 기계적 이음에서 행하는 시험으로 철근 규격 항복강도의 90%에 해당하는 상한점과 5%에 해당하는 하한점을 100회 연속적으로 반복 재하한 후 철근이 파단될 때까지 인장하는 시험
정적 내력 시험	기계적 이음	기계적 이음의 시험 항목으로 철근 모재 규격 항복강도의 95%까지 인장 후 변형된 양을 확인하는 시험
고응력 반복 내력 시험	기계적 이음	모재 규격 항복강도의 2% 이하의 하한점과 95%의 상한점으로 30회 반복 인장 시험을 한 후 강성변화율 및 최대 변형량을 측정하는 시험
고사이클 피로 시험	가스 압접 이음	모재 규격 항복강도의 15%의 하한점과 33%의 상한점으로 200만 회 반복 피로 시험을 한 후 잔류변형량 및 파단 유무를 검사하는 시험
저온 성능 시험	기계적 이음	액체 질소 가스를 이용해 시험 온도까지 냉각한 후 15분 뒤 인장력을 측정하는 시험

철근 이음 시험 종류 및 적용 이음

이음 종류	시험 항목	적용 기준	시험 방법	판정 기준
겹침 이음	위치 및 외관 검사	•시공 기준 •품질시험 기준	육안 관찰 및 자에 의한 측정	철근 상세도와 일치할 것
가스 압접 이음	위치 및 외관 검사	•시공 기준 •품질시험 기준	외관 관찰, 필요에 따라 자, 버니어캘리퍼스 등에 의한 측정	철근 상세도와 일치할 것
	초음파 탐사 검사	•시공 기준 •품질시험 기준	KS B 0839	사용 목적을 달성하기 위해 정한 별도의 것
	일방향 인장 시험	•시공 기준 •품질시험 기준	KS B 0554	인장강도가 설계 기준 항복강도의 125% 이상
	굽힘 시험	•품질시험 기준	KS B 0554	-
	저사이클 반복 시험	•품질시험 기준	KS B 0554	인장강도가 설계 기준 항복강도의 125% 이상 및 모재 철근 파단
	고사이클 피로 시험	•품질시험 기준	KS B 0554	시험 후 시험체 파단되지 않을 것, 잔류변형량 0.2mm 이하
기계적 이음	위치 및 외관 검사	•시공 기준 •품질시험 기준	육안 관찰, 필요에 따라 자, 버니어캘리퍼스 등에 의한 측정	철근 상세도, 제조회사의 시험성적서에 사용된 시편과 일치할 것
	일방향 인장 시험	•설계 기준 •시공 기준 •품질시험 기준	KS D 0249	인장강도가 설계 기준 항복강도의 125% 이상
	정적 내력 시험 (잔류변형량)	•시공 기준 •품질시험 기준	KS D 0249	잔류변형량 0.3mm 이하
용접 이음	외관 검사	•시공 기준 •품질시험 기준	육안 관찰 및 자에 의한 측정	- 용접치수와 용접길이를 포함하여 철근 상세도와 일치할 것 - 용접표면 결함이 없을 것
	용접부의 결함	•시공 기준 •품질시험 기준	KS B 0845 또는 KS B 0896	해당 KS 또는 강구조공사표준시방서(KCS 14 31 20) 4.11을 따를 것
	일방향 인장 시험	•설계 기준 •시공 기준 •품질시험 기준	KS B 0802 KS B ISO 17660-1	인장강도가 설계 기준 항복강도의 125% 이상

※시공 기준: 표준시방서(KCS), 품질시험 기준: 건설공사 품질관리 업무지침
철근 이음 종류별 시험 항목과 적용 기준

IV.
철근 커플러 종류와 장단점

1. 철근 커플러의 종류

앞서 간단히 살펴보았듯이 철근 커플러는 사용 목적과 건설 현장 조건, 적용 부재에 따라서 다양하게 선택할 수 있다.

먼저 사용 목적에 따라서 같은 직경의 철근을 잇기 위한 일반용도의 커플러와 다른 직경의 철근을 잇기 위한 이형 커플러로 분류할 수 있다. 또한 철골조에 커플러를 용접한 후 철근을 잇는 용접용 커플러가 있으며, 콘크리트 1차 타설 전 매설용 커플러를 한쪽 철근에 체결 후 콘크리트 타설을 하고 나서 거푸집 제거 후 반대쪽 철근을 커플러에 체결하는 방식의 매립형 커플러(2차 타설용)가 있으며, 철근의 배근 간격 및 위치를 정확하게 고정하기 위해 거푸집에 고정하는 폼세이버 커플러가 있다. 또한 철근을 절곡하여 정착하지 않고 커플러를 사용하여 정착하는 정착용 커플러(터미네이터)와 프리캐스트 부재에 사용되는 프리캐스트 커플러가 있다.

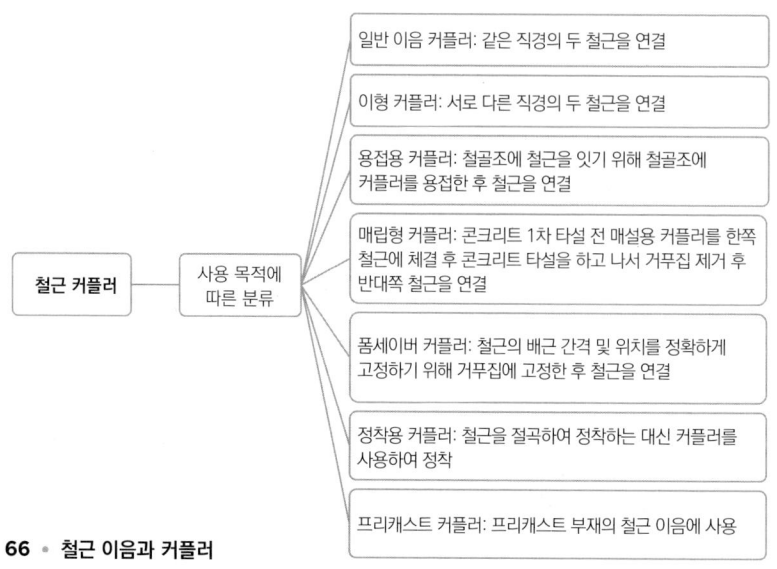

구조에 따른 분류로는 앞서 설명하였듯이 철근을 가공하는 나사 커플러와 테이퍼 나사 커플러가 있으며, 현장 체결식 중 원터치 커플러, 편체식 커플러, 철근나사 커플러가 있으며, 볼팅 방식의 볼트 커플러와 기계를 이용하여 압착하는 강관압착 커플러, 모르타르를 주입하는 그라우트 슬리브 커플러가 있다.

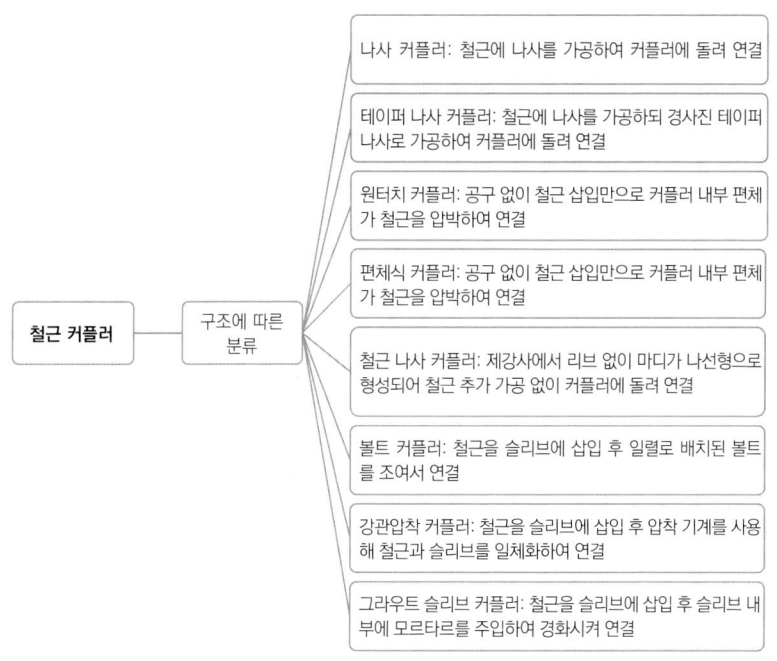

구조에 따른 분류와 사용 목적에 따른 분류는 서로 호환될 수 있다. 예를 들어, 구조에 따른 분류의 원터치 커플러는 사용 목적에 따라서 이형 커플러, 용접용 커플러 등으로 제작되어 사용될 수 있다.

2. 커플러별 특징

1) 나사 커플러

나사 커플러는 철근 커플러 중 대표적인 공법으로 상대적으로 저렴한 제품 단가와 나사의 신뢰도가 높은 장점 덕분에 국내외로 가장 많은 수요를 차지하고 있다.

(1) 나사 커플러 분류

나사 커플러는 나사 가공 방식, 외부 형상, 체결 방식에 따라 분류할 수 있다.

나사 가공 방식으로는 대표적으로 철근을 부풀림(upset forging) 후 나사 가공을 하는 방식, 단순 절삭을 통한 나사 가공 방식, 철근 나사산을 경사를 주어서 체결을 편리하게 한 테이퍼 나사 가공 방식, 그리고 철근 단부 압연 후 전조나사를 가공하는 방식이 있다.

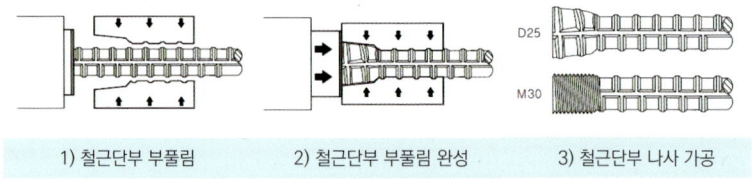

1) 철근단부 부풀림   2) 철근단부 부풀림 완성   3) 철근단부 나사 가공

부풀림 나사 가공 방식(출처:한성정밀공업)

국내에서 주로 사용되는 방식은 전조나사 가공 방식이다. 내진용 철근을 제외한 일반 철근의 특성상 템프코어 공정으로 인해 철근의 표면은 경

도가 높으며 심부로 갈수록 경도가 낮아진다. 이 때문에 철근을 단순 절삭 가공하면 단면적의 손실과 더불어 표면의 고경도부의 손상으로 인장강도 저하가 우려된다. 따라서 국내에서는 주로 철근 표면을 절삭하지 않고 압연하여 전조나사 가공 방식이 사용되며 해외에서는 부풀림 후 단면적이 증대된 상태에서 나사 가공 방식을 사용하여 강도 보강을 한다. 내진용 철근의 경우 템프코어 공정을 거치지 않으므로 모든 부위에서 페라이트-펄라이트 조직을 가지기 때문에 위치에 관계없이 유사한 경도를 나타낸다. 커플러의 외부 형상에 따라서도 나사 커플러를 분류할 수 있는데 이는 원형, 다각형(팔각, 십이각 등), 그 외 형상들로 나뉜다. 일반적으로 원형보다는 다각형 혹은 요철이 있는 형상이 콘크리트와 부착강도 증대에 도움이 될 수 있으며, 파이프렌치, 체인 렌치, 스패너 등과 같은 공구를 사용함에 있어서도 선택지가 더 다양하다.

나사 커플러의 외형 종류(원형, 다각형, 혼합형)

철근 체결 방식에 따라 나사 커플러는 세 가지로 분류할 수 있다. 첫 번째는 철근 나사부 모두 짧은 나사로 구성된 방식으로 가장 일반적이다. 선시공된 철근에 커플러를 돌려서 조립하고 이음할 철근을 반대쪽에 돌려서 연결 시공하는 방법이며 이는 인장 및 압축력이 작용하는 연직부재의 6m 이하의 철근에 사용되는 대표적인 형식이다.

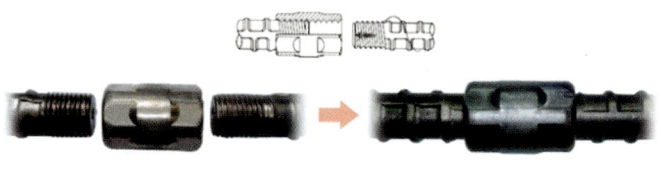

이음할 철근과 커플러 → 시공된 철근에 커플러를 조립하고 이음할 철근을 돌려서 연결 시공

1번 이음 방식(출처: 부원BMS)

두 번째로는 철근 한쪽은 긴 나사를 사용하여 이음하는 것으로 긴 나사 쪽에 커플러를 조립한 후 반대쪽에 이음될 철근을 서로 맞대어 놓은 후 짧은 나사 쪽으로 커플러를 돌려서 연결 시공하는 방법이다. 이는 Pre-fab 공법을 활용한 철근망 선 조립, 대형 철근의 연직 시공 등에 사용된다.

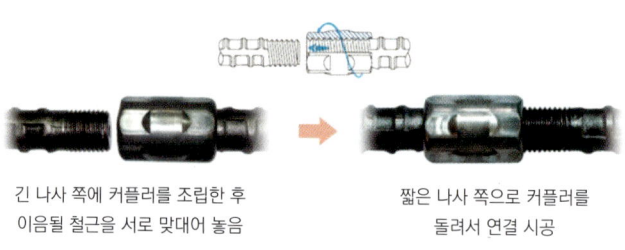

긴 나사 쪽에 커플러를 조립한 후 이음될 철근을 서로 맞대어 놓음 → 짧은 나사 쪽으로 커플러를 돌려서 연결 시공

2번 이음 방식(출처: 부원BMS)

세 번째로는 잠금너트를 사용하여 긴 나사 쪽에 커플러와 잠금너트를 조립한 후 이음될 철근을 서로 맞대어 놓고 짧은 나사 쪽으로 커플러와 잠금너트를 돌려서 연결 시공하는 방식이다. 이는 완전 인장부재의 앙카부와 같은 철근의 방향이 고정된 시공에 사용되는 형식으로 인장부재의 Pre-fab 공법을 활용한 철근망 선 조립 등에 사용된다.

긴 나사 쪽에 커플러와 잠금너트를   짧은 나사 쪽으로 커플러와
조립한 후 이음될 철근을 서로 맞대어 놓음   잠금너트를 돌려서 연결 시공

3번 이음 방식(출처: 부원BMS)

(2) 나사 커플러 현장 납품 프로세스

나사 커플러는 시공 전 철근 단부에 나사 가공을 하는 것이 필수이다. 철근 나사 가공 방식으로는 현장에서 가공하는 현장 가공, 공장에서 가공하여 현장에 납품하는 공장 가공으로 나뉜다. 과거에는 소형 현장에서 현장 가공을 택하여 입맛에 맞게 상황별로 가공을 할 수 있는 이점이 있었지만 최근에는 아래와 같은 공장 가공의 장점으로 많은 현장에서 공장 가공을 택하고 있다.

- 철근 공장 가공의 장점
- 철근 가공 LOSS 및 가공 불량 손실 절감
- 야적장 및 가공장 상하차비 절감(고정 지게차, 크레인 불필요)
- 고품질의 치수, 수량 정확으로 조립 용이
- 전용, 대형설비로 가공 시간 단축과 전천후 작업에 의한 납기 안정
- 현장의 미비한 시설 장비로 인한 안전사고 예방
- 공사 현장 내 철근 야적으로 인한 안전사고 예방(침하, 붕괴)

철근 나사의 공장 가공 공정은 크게 4단계로 나뉘며 아래와 같다.

철근 전조나사 가공 공정(출처: 해담엔지니어링)

이렇게 가공된 철근을 한쪽에는 고무 캡을 씌우고 반대편에는 호환되는 커플러를 끼워서 현장으로 납품하는 것이 일반적이다.

> ※ 철근에 씌우는 고무 캡은 철근 이송 중 나사 부위의 손상을 방지하는 목적으로 이송 중 손상된 철근은 현장에서 체결이 힘들거나 안 되는 경우가 있다.

(3) 나사 커플러 시공 시 주의 사항

나사 커플러는 철근뿐만 아니라 많은 기계 이음에서 사용되는 볼트와 너트가 체결되는 구조이다. 그렇기 때문에 이음의 신뢰도가 높다. 하지만 이는 이론적으로 모든 조건이 만족되었을 경우이기 때문에 실제 현장에서 검토해야 할 사항들이 있다. 먼저 앞서 설명하였듯이 나사 커플러의 철근은 국내에서 전조나사 가공을 하기 때문에 일반적인 절삭방식보다 나사 정밀도가 떨어진다. 정밀도가 떨어지면 암나사와 수나사가 정확하게 맞물리지 않을 수 있다. 이 때문에 어느 정도 공차를 허용하여 현장에서 이음을 하는데 이 공차가 너무 심할 경우 철근 커플러의 품질시험 기준을 만족하지 못하게 된다. 또한 긴 철근을 운반하는 과정에서 철근 단부 나사가 뭉개지거나 크랙이 발생할 소지가 있는데 이 또한 시공 불량의 원인이 된다. 그렇기 때문에 현장에서는 기시공된 커플러를 일정 길이 절단하여 시험검사를 함이 가장 바람직하지만 현실적으로 어려운 부분이 많다. 그렇다면 나사 커플러의 품질 확보를 위해서 확인해야 할 사항들은 무엇일까?

먼저 나사 철근과 커플러의 허용 공차를 파악한 후 직경을 측정하여 공차 내에 들어오는지 파악하여야 한다. 또한 철근 나사부에 외형상 문제가 없는지 확인하여야 한다. 예를 들어 나사 단부의 직각절단 여부, 나사부의 크랙과 흠집 여부, 그리고 나사부 진직도 확인 등이 있다. 커플러와 철근의 체결 후에는 철근이 완전히 인입되어 있는지 확인하는 것이 필요하다.

2) 편체식 커플러

편체식 커플러는 철근에 별도의 가공 없이 현장에서 체결할 수 있는 현장 체결식 커플러의 일종이다. 철근 가공이 필요 없다는 장점이 있지만 나사 커플러와 비교하여 상대적으로 단가가 비싸므로 현장에서의 적용률은 낮은 편이다.

(1) 편체식 커플러 분류

편체식 커플러는 철근의 외부를 편체가 지지하는 방식으로 많은 응용사례가 있으나 국내에서 사용되는 커플러는 마디 편체식과 쐐기 편체식으로 나눌 수 있다.

마디 편체식 커플러 구성품(출처: 삼보엔지니어링)

쐐기 편체식 커플러 구성품(출처: 유성커플러)

마디 편체식 커플러는 돌출된 철근 마디에 편체 내부 홈이 걸리도록 하여 연결하는 방법이다. 국내 철근은 대부분이 대나무 마디 형상으로 마디 편체식 커플러의 적용이 쉽지만 해외 철근은 다이아몬드형, 빗살무늬형 등 마디 형상이 다양하여 적용이 어렵다.

마디 편체식 커플러 편체-철근 체결 형상(출처: 삼보엔지니어링)

쐐기 편체식 커플러는 편체 내부에 철근의 마디와 리브의 표면을 잡을 수 있게 톱니 모양이 형성되어 있으며 편체 외부에는 쐐기 역할을 할 수 있게 테이퍼 구조로 형성되어 편체 내부의 톱니가 철근의 마디와 리브의 표면에 밀착되도록 커플러의 나사를 조여서 철근을 연결하는 방법이다. 철근 인장 시 쐐기 내부의 톱니가 철근 마디와 리브를 지속적으로 잡아 주기 위해서 하중이 작용함에 따라 슬립이 발생할 수 있다. 앞으로 설명할 원터치 커플러 또한 쐐기 편체식 커플러의 일종이다. 원터치 커플러의 출시 전까지는 쐐기 편체식 커플러는 '이지커플러'로 현장에서 알려져 있다. 원터치 커플러의 출시 이후 이지커플러는 수요가 감소하고 있는 추세인데 원터치 방식에 비해 상대적으로 시공이 불편하기 때문이다.

(2) 편체식 커플러 시공 방법

마디 편체식 커플러

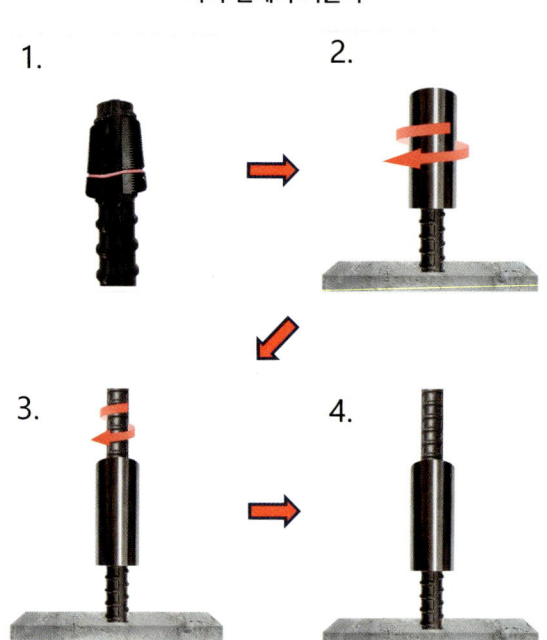

마디 편체식 커플러 시공 방법

1	커플러 내부 편체를 꺼내어 철근의 마디에 체결한다.
2	고정된 철근에 커플러 몸체를 삽입한 후 몸체를 돌려 체결한다.
3	반대쪽 철근에도 편체를 체결한 후 몸체에 삽입 후 철근을 돌려 체결한다.
4	시공 완료

쐐기 편체식 커플러

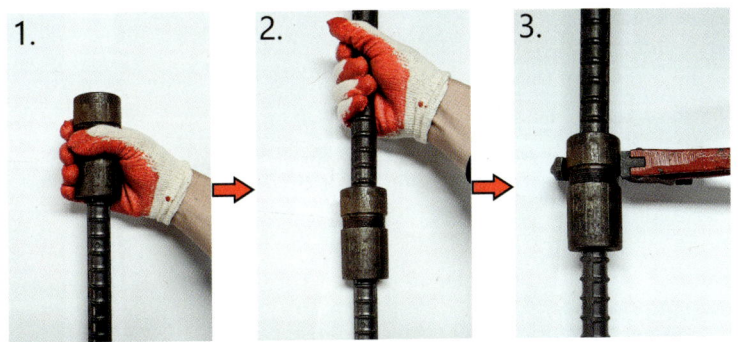

쐐기 편체식 커플러 시공 방법

1	시공된 철근에 커플러를 삽입한다.
2	연결할 철근을 커플러 몸통 반대 부분에 삽입한다.
3	커플러 몸체의 나사를 손으로 돌려 고정한 후 파이프렌치로 조임한다.

(3) 편체식 커플러 시공 시 주의 사항

- 마디 편체식 커플러

 철근을 공장에서 가공 후 현장에 납품되는 나사철근과 달리 현장 체결식 커플러에 사용되는 철근은 단부 형상이 일정하지 않다. 일반적으로 철근은 톱 가공(saw cutting)을 하지 않고 유압 방식으로 절단하기 때문에 철근 단부에 버(Burr)와 휨 발생이 잦다. 특히 D25 이하의 철근은 더욱 심하다.

철근 단부 버(Burr)와 휨

　마디 편체식 커플러의 특징상 편체가 철근 마디를 잘 지지해 주어야 소정의 강도를 발현할 수 있기 때문에 철근 진직도가 매우 중요하다. 하지만 철근의 휨이 있을 경우에는 정확한 체결이 불가능하므로 지나친 휨 부위는 절단 후 시공함이 바람직하다. 또한 철근에는 롤링에 의해 철근에 대한 식별 정보가 기재되는데 이 부위의 마디 간격은 일정하지 않다. 그렇기 때문에 이 부위 또한 체결이 어려우므로 절단 후 시공하여야 한다.

철근 롤링 마크

- 쐐기 편체식 커플러

쐐기 편체식 커플러에서 소정의 강도를 확보하기 위해서는 여러 조각의 편체가 철근의 마디와 리브에 정확히 안착하는 것이 가장 중요하다. 그렇기 때문에 철근이 편체가 작동할 수 있을 정도로 삽입되었는지 삽입 길이를 측정하여야 하며 철근 삽입 시 편체의 일체거동[1]을 방해할 수 있는 철근의 버(Burr)와 휨의 정도를 확인 후 심한 경우에는 제거 후 체결하는 것이 바람직하다. 또한 철근 체결 후 커플러를 파이프렌치로 돌리는 과정에서 편체가 철근에 밀착하게 되므로 시방서에 따라 나사 체결 길이를 만족해야 한다.

3) 원터치 커플러

원터치 커플러는 철근에 가공이 불필요한 현장 체결식 커플러 중 쐐기 편체식 커플러를 응용하여 편리성을 더욱 높인 제품이다. 공구 사용이 불필요하며 단순히 커플러를 철근에 밀어 넣기만 하면 체결이 끝난다. 원터치 커플러 출시 초기인 2017년에는 편체식 커플러와 마찬가지로 단가가 비쌌기 때문에 현장 적용률이 낮았으나 시간이 지날수록 가격이 저렴해져서 겹침 이음, 나사 커플러와 경쟁할 수 있게 되었으며 2017년부터 매년 원터치 커플러 시장이 30% 이상 급격히 성장하고 있다.

(1) 원터치 커플러 분류

원터치 커플러는 몸체 내에 철근의 마디와 리브의 표면을 잡을 수 있게 톱니 모양의 다수개의 편체가 들어 있으며 편체 외부에는 쐐기 역할을 할 수 있게 테이퍼 구조로 형성되어 있다는 점에서 쐐기 편체식 커플러와 동일하다. 하지만 체결 후 몸체의 조임이 필요하지 않게끔 스프링을 도입하

---

1. 편체의 일체거동: 여러 조각의 편체는 철근 여러 체결 전 동일선상에 있으며, 철근 체결 후에도 흐트러짐이 있으면 안 된다.

여 철근의 삽입만으로 체결이 완성된다. 시중의 모든 원터치 커플러 구조는 이와 같으며 소재 재질, 외부 형상의 차이만 있다.

가공 방식	주물 방식	무가공 방식

원터치 커플러 종류(출처: 알오씨)

(2) 원터치 커플러 시공 방법

1. 커플러를 하부 철근에 밀어 넣음
2. 상부 철근을 커플러 내부로 밀어 넣음

이음 완료

원터치 커플러의 시공 방법은 기시공된 철근(기둥, 벽체의 경우 하부 철근)에 커플러를 밀어 넣은 후 이음할 철근을 커플러 반대쪽에 삽입하면 된다. 현존하는 모든 이음 중 가장 간단하며 빠른 공법이다.

(3) 원터치 커플러 시공 시 주의 사항

원터치 커플러를 시공할 때 주의 사항은 쐐기식 커플러와 비슷하다. 가장 중요한 것은 철근의 마디와 리브에 커플러 내부의 편체가 안착하는 것이다. 이를 위해서는 철근 삽입 시 다수 편체의 정렬이 깨지지 않은 상태로 철근 단부가 커플러의 중앙부에 위치할 때까지 들어가야 한다.

편체의 정렬이 깨지는 원인 중 하나는 철근의 휨 또는 버(Burr)의 영향이 크며 심한 경우에는 이를 제거하고 시공하는 것이 바람직하다. (원터치 커플러 제조사 중 철근이 삽입될 수 있는 입경이 각각 다른데 큰 입경을 가진 제조사의 커플러를 사용하면 조금 더 원활한 시공을 할 수 있다.)

또한 철근 삽입의 확인은 확인이 가능한 검사구가 있지 않은 커플러의 경우 철근 체결 전 철근에 삽입 길이만큼 표시를 하여 시공하는 것이 바람직하며 검사구가 있는 커플러는 시공 후 철근이 올바르게 삽입되어 있는지 검사구를 통해 확인한다.

💡 인사이트: 원터치 커플러의 미래는?

철근의 이음은 겹침 이음부터 시작해서 용접 이음, 가스 압접 이음, 기계식 이음 등으로 시대가 변하고 수요에 따라 이음법이 신규 출시되며 몇몇은 도태되어 왔다. 국내에서 최초 개발되었으며 최근 수요가 급증한 원터치 커플러는 앞으로도 꾸준히 수요가 늘어나며 전 세계로 확장해 나갈 수 있을까?

원터치 커플러의 가장 큰 장점은 편리성과 합리적인 가격이다. 원터치 커플러의 제조 기술 발전에 따라 단가가 하락하였다. 또한 철근의 가격 상승으로 겹침 이음이 불리해지면서 기존 이음 시장에서 원터치 커플러로 점유율이 많이 넘어왔다.

하지만 국내에서는 이 성장세가 어느 정도 한계가 있을 것으로 보인다. 그 이유는 2020년 개정된 '건설공사 품질관리 업무지침'에 잔류변형량 시험 항목이 추가되었기 때문이다. 잔류변형량 혹은 슬립으로도 불리는 이 항목은 철근 이음의 시험 항목에 대한 앞 장에서 설명하였듯이 철근 모재 규격 항복점의 95%까지 인장 후 2%로 재하했을 때 변형량을 측정하는 시험으로 0.3mm 이내가 합격 기준이다. 철근 가공을 하지 않고 특수 공구를 사용하지 않는 현장 체결식 커플러로는 이 조건을 만족하기 힘들다. 현장 체결식 커플러에는 마디 편체식 커플러, 쐐기 편체식 커플러, 그리고 원터치 커플러를 포함한다. 이러한 잔류변형량 시험이 품질관리 기준에 포함되었기 때문에 원터치 커플러의 확장세가 주춤할 것으로 보인다. 물론 잔류변형량 기준이 필수가 아닌 미국, 남미, 일본, 호주 등의 국가에서는 선별적으로 사용이 가능하기 때문에 수출 시장이 열려 있다. 이에 따른 철근 이음 업계의 동향을 〈7장. 철근 커플러 시장 규모와 동향〉에서 자세히 살펴보겠다.

4) 나사형 철근 커플러

나사형 철근 커플러는 나사형 철근을 사용하여 연결하는 방식이다. 나사형 철근이란 일반 철근과 달리 리브(종방향 마디)가 없고, 나사와 같이 나선 방향으로 마디가 형성되어 있는 철근이다. 국내에서는 7대 제강사 중 현대제철이 선두이며 동국제강에서도 생산하고 있다. 아직까지는 국내에서 시장점유율이 높진 않으며 선조립을 한 후 시공을 많이 하는 초고층 건축물 등에 사용되고 있다.

(1) 나사형 철근 커플러 분류

나사형 철근 커플러는 철근 나사마디에 호환이 되는 암나사를 가진 커플러로 일반 가공형과 주물형으로 나뉜다. 가공형과 주물형은 구조적으로는 큰 차이는 없으며 생산 방식의 차이로만 나뉜다.

나사형 철근 커플러(주물형)   나사형 철근 커플러(가공형)

(2) 나사형 철근 커플러 시공 방법(선 조립)

일반적인 현장에서의 나사형 철근 커플러는 나사 커플러와 마찬가지로 기시공된 철근에 커플러를 돌려 넣은 후 이음할 철근을 커플러 반대쪽에 돌려 넣는다.

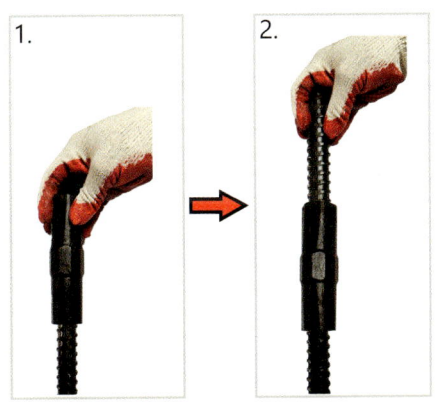

나사형 철근 커플러 시공 방법(출처: 알오씨)

나사형 철근 커플러는 철근망 선조립 공법에서도 사용되는데 다수의 철근이 배치된 철근망을 한꺼번에 연결해야 하기 때문에 추가로 철근을 지지하는 지지대와 철근을 회전시키는 공구가 필요하다.

💡 인사이트: 나사형 철근 커플러의 수요

나사형 철근 커플러는 아직까지 국내에서는 활성화되어 있지 않다. 국내 대형 제강사인 현대제철을 선두로 2011년부터 적극적으로 나사형 철근을 개발하여 시장 변화를 꾀하였지만 큰 성과를 내지 못하였다. 필자는 2019년쯤 동국제강 연구소의 나사형 철근 개발 담당자로부터 그 이유를 듣게 되었다. 전반적인 내용은 기술적인 문제가 아닌 가격이었다. 결국 나사형 철근의 시장 적용은 같은 기계적 이음의 가장 보편적인 커플러인 나사 커플러(철근 나사 가공 커플러)보다 경제성이 있어야 하는 것이다. 나사형 철근은 일반 이형철근보다 톤당 6~7만 원이 비싸며 이는 7% 정도의 가격 차이다. 그리고 나사형 철근은 단부가 직각절단이 되어야 커플러에 초기 인입이 된다. 하지만 제강사에서 출하 시 철근의 절단은 톱 절단이 아닌 유압식 절단으로 철근 단부에 버(Burr) 발생이 필연적이다. 그렇기 때문에 결국 철근 가공 공장에서의 직각절단 공정이 선행되어야 현장에서 작업이 가능하게 된다. 또한 완벽한 품질을 확보하려면 커플러 체결 후 모르타르 충진이 필요한데 이 모든 것들이 비용이 추가되기 때문에 나사형 커플러는 시장에서 높은 점유율을 차지할 수 없게 되었다.

물론 나사형 철근은 나사 커플러 대비 철근 자체에 큰 나사산이 형성되어 있어서 운반 시에 나사산 흠집, 크랙에 유리하며 체결 시에도 체결성이 더 좋은 장점이 있다.

> 일본 철근이음협회의 '철근 이음 통계 조사 보고서'에 따르면 일본의 기계식 이음 시장에서 나사형 철근 커플러의 사용 비중은 60~70%로 나사 커플러(18%)보다 훨씬 높다. 일본은 한국보다 내진 규정이 훨씬 까다롭기 때문에 나사형 철근 커플러의 품질은 의심하지 않아도 될 것으로 보인다. 비록 가격이 비싸지만 국내에서도 철근 이음 시장의 품질 발전을 위해서는 나사형 철근의 사용이 바람직할 것이다.

5) 볼트 체결식 커플러

볼트 체결식 커플러는 현장 체결식 커플러의 일종으로 철근의 가공 없이 특수 제작한 슬리브에 철근을 끼운 후 다수의 볼트를 이용하여 철근의 마디를 볼트로 눌러서 철근을 이음하는 방식이다. 볼트의 밀착압이 규정치에 도달하면 볼트 머리가 절단됨으로 체결을 확인할 수 있다.

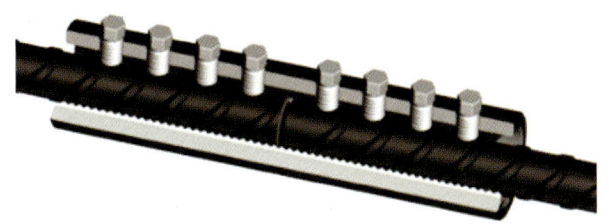

볼트 체결식 커플러(출처: ANCON MBT coupler)

국내에서는 시장점유율이 높은 편은 아니나 'Global Rebar Coupler Market Research Report 2021'에 따르면 세계 시장에서는 판매 금액을 기준으로 나사 커플러 다음으로 많은 점유율을 차지하고 있다. 철근의 가공 없이 고품질의 이음 강도를 발현할 수 있는 장점이 있다. 반면 나사 커플러 대비 강도 발현을 위한 체결 길이가 길어짐에 따라서 자재비가 비싸며 공구를 사용한 다수의 볼트 체결이 필요하여 시공비도 비싼 편이다. 그렇기 때문에 전 세계 커플러 업체 중 1위, 2위를 다투는 엔벤트와 덱스트라 그룹에서는 볼트 체결식 커플러의 대표 적용 예시를 나사 가공이 불가능한 경우와 강관압착 기계를 사용할 공간이 나오지 않는 경우로 제시하고 있다.

(1) 볼트 체결식 커플러 시공 방법

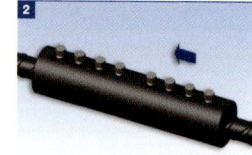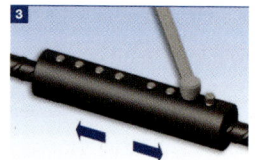

볼트 체결식 커플러 시공 방법(출처: ANCON MBT coupler)

1. 커플러의 길이의 절반만큼 철근을 삽입하고 볼트를 손으로 조인다. 이후 정렬 상태를 확인하고 필요시 조정한다.
2. 기삽입된 철근에 닿을 때까지 반대쪽 철근을 끝까지 커플러에 넣고 나머지 볼트를 손으로 조인다. 마찬가지로 정렬 상태를 확인하고 필요시 조정한다.
3. 커플러 한쪽에서 중앙에서 시작하여 바깥쪽으로 작업하는 경우, 래칫 렌치 또는 너트 러너를 사용하여 볼트를 부분적으로 조인다. 그 후 볼트 헤드가 절단될 때까지 볼트를 완전히 조이며 반대쪽도 반복하여 조인다. 이때, 충격 공구는 사용하면 안 된다.

💡 인사이트: 볼트 체결식 커플러의 국내 수요

볼트 체결식 커플러는 전 세계적으로는 비교적 높은 점유율을 차지하고 있지만 왜 국내에서는 수요가 많지 않을까? 그 이유는 가격이다. 볼트 체결식 커플러의 가격은 국내의 일반적인 현장 체결식 커플러 대비 시공비까지 포함하면 약 3배 이상 비싸다. 앞서 설명하였듯이 볼트 체결식 커플러는 가격의 문제로 나사 커플러의 사용이 힘든 구간에 쓰이는 것이 일반적이다. 하지만 국내에서는 나사 커플러 사용이 힘든 구간에 원터치 커플러의 출시 이전에는 편체식 커플러, 원터치 커플러의 출시 이후에는 원터치 커플러를 사용하는 것이 더 값싸고 편리했기 때문이다. 하지만 2020년 품질관리 업무지침이 개정됨에 따라 잔류변형량 기준이 신설되어 편체식 커플러와 원터치 커플러는 사용이 힘들어졌다. 반면 볼트 체결식 커플러는 잔류변형량 기준을 충족한다. 그렇다면 볼트 체결식 커플러가 대안이 될 수 있을까? 필자는 볼트 체결식 커플러가 기존의 원터치 커플러를 대체하기에는 가격의 괴리 때문에 힘들다고 생각한다. 건축물의 안전은 무엇보다도 중요하다. 하지만 가격 또한 무시할 수 없다. 그렇기 때문에 다양한 커플러의 사용을 장려할 수 있도록 압축력이 주요한 부재에는 편체식 커플러 혹은 원터치 커플러를 사용토록 하고 인장력이 주요한 부재에는 볼트 체결식 커플러와 같은 고단가 이음을 사용하는 것이 합리적이라 생각한다.

6) 강관 압착식 커플러

강관 압착식 커플러는 철근을 맞대어 슬리브를 철근에 체결한 후 슬리브에 유압 장치를 사용하여 압축력을 가해 철근과 슬리브가 서로 밀착되도록 하는 이음이다.

강관 압착식 커플러(출처: kz-intl coupler)

현재 국내에서는 강관 압착 커플러를 생산하는 업체가 없으며 사용하기 위해서는 해외 수입에 의존해야 하는 실정이기 때문에 수요가 거의 없다.[2]

강관 압착식 커플러의 장점은 사용되는 자재가 단순한 파이프 형상의 커플러 하나뿐이기에 자재비가 상대적으로 저렴하다. 또한 압착 후 단면을 확인해 보면 철근과 커플러의 일체화가 잘 되어 있음을 확인할 수 있다. 반면 일반적인 공구를 사용하여 시공이 불가능하며, 큰 유압 공구를 사용하기 때문에 시공 시간이 오래 걸리고 배근 간격이 좁은 부재에서는 유압 공구의 사용이 힘들 수 있다.

---

2. arch deck 철근의 압착식 이음의 구조거동 해석에 관한 연구, 김춘호

(1) 강관 압착식 커플러 시공 방법

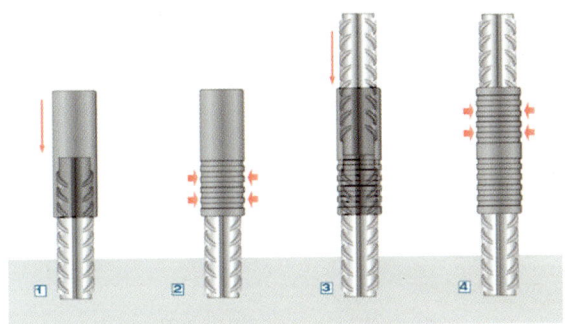

강관 압착 커플러 시공 방법(출처: ALEONO)

1. 기시공된 철근 단부에 커플러 절반의 길이만큼 강관 압착 커플러를 삽입한다.
2. 유압 공구를 사용하여 측면으로 커플러를 압착한다.
3. 연결할 철근을 커플러 반대쪽에 삽입한다.
4. 마찬가지로 유압 공구를 사용하여 측면으로 커플러를 압착한다.

7) 그라우트 슬리브 커플러

그라우트 슬리브 커플러는 이음용 슬리브에 철근을 삽입하고 모르타르나 금속 용융재를 주입하여 철근을 이음하는 방식이다. 주입된 모르타르와 철근의 마디와 리브의 부착력과 마찰력에 의해 이음 강도가 발현되므로 커플러의 길이가 모든 기계식 이음 중 가장 길다. 그만큼 자재비, 시공비가 비싼 편이며 대부분 일반적인 이음이 아닌 프리캐스트 부재의 철근 이음에 사용된다.

(1) 그라우트 슬리브 커플러 분류

그라우트 슬리브 커플러는 양쪽 이음 철근 모두 그라우트 방식인 전체 그라우트 슬리브 커플러(full grout coupler)와 한쪽은 나사 이음 등을 이용하며 한쪽만 그라우트 방식인 반쪽 그라우트 슬리브 커플러(half grout coupler)가 있다.

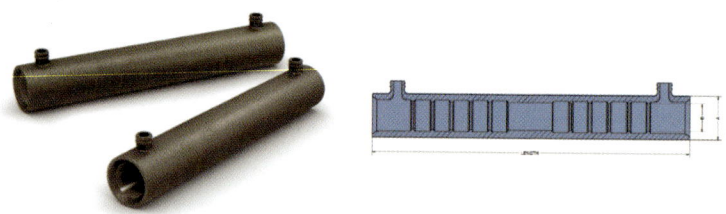

전체 그라우트 슬리브 커플러(출처: MOMENT COUPLER)

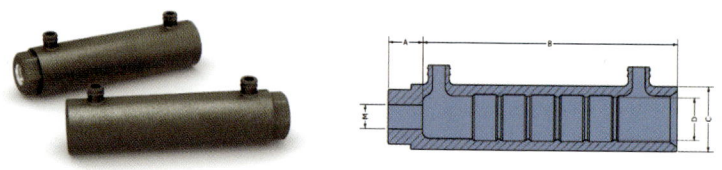

반쪽 그라우트 슬리브 커플러(출처: MOMENT COUPLER)

(2) 프리캐스트 부재의 그라우트 슬리브 커플러 시공 방법

① 기존에 설계된 프리캐스트 부재의 철근 배치 단부에 그라우트 커플러를 삽입한 후 그라우트 주입을 위한 튜브를 설치한다.

② 프리캐스트 몰드에 콘크리트를 타설한다. 이때 그라우트 커플러 내부로 콘크리트 모르타르의 유입이 안 되도록 주의한다.

③ 완성된 프리캐스트 콘크리트 부재를 인양 후 기시공된 하부 부재에 맞춰 놓는다.

④ 튜브를 통해 그라우트를 주입하여 상하부 부재의 이음을 완성한다.

그라우트 슬리브 커플러 시공 방법(출처: REIDBAR)

(3) 프리캐스트 콘크리트 부재의 철근 이음

프리캐스트 콘크리트 구조는 공장에서 미리 제작한 콘크리트 부재를 현장으로 이동 운반한 후 현장에서 조립하는 방식이다. 이로 인해 현장에서 공기 단축, 공사비 절감, 품질관리 용이, 그리고 내구성 증대 등의 장점이 있다. 그런데 프리캐스트 콘크리트 부재의 철근 이음은 상당한 기술력을 요구한다. 일반적인 철근 이음은 기시공된 부재의 철근은 고정되어 있으나 체결할 철근의 이동이 자유롭다. 그렇기 때문에 여러 가지 철근의 이음법들의 적용이 가능하다. 하지만 프리캐스트 콘크리트 부재의 이음은 상당히 까다로운 편이다. 그 이유는 이미 고정되어 있는 상하부 부재의 철근을 이어야 하기 때문이다. 이음되는 두 부재의 철근 위치의 공차는 약 10mm 정도까지 발생하는 경우도 많다. 그렇기 때문에 일반적인 나사식 이음, 편체식 이음이 불가능하며 이 공차를 수용할 수 있는 이음만이 사용 가능하다. 그중 대표적인 이음이 그라우트 슬리브 커플러인데 이는 철근의 인입구가 이 공차를 수용할 수 있게 설계되어 있다. 물론 그라우트 슬리브 커플러가 프리캐스트 콘크리트 부재의 철근 이음의 유일한 방법은 아니지만 가장 대표적인 예시라고 할 수 있다.

V.
특허로 보는 철근 커플러

이번 장에서는 국내에서 출원되었던 특허를 통해 철근 커플러를 분석하였다. 먼저 연도별로 어떤 특허가 얼마나 출원되었는지를 밝혀 당시에 어떤 제품 혹은 기술의 열풍이 있었는지 파악하였다.

또한 특허청의 자료에는 각 특허별로 발명이 이루고자 하는 기술적 과제, 발명의 구성 및 작용, 그리고 발명의 효과가 기재되어 있는데, 이를 분석하여 각 커플러의 장단점을 파악하고 개선점 또한 찾을 수 있었다.

이번 장의 취지는 특허를 분석하여 각 특허의 핵심 권리 범위를 파악하기보다는 어떤 종류의 커플러에 어떤 기술이 도입될 수 있는지를 파악하는 것이다. 기술 도입은 대부분 문제를 해결하기 위함인데, 예컨대 가격이 너무 비싸 원가를 절감하기 위한 내용이 있을 수 있고, 기능이 부족한 것을 개선하기 위한 것들도 있다. 결국 커플러의 문제점을 특허를 통해 파악할 수 있고 개선점이 무엇인지 알 수 있다. 가격에 대한 문제점이야 현장에서는 단가로 쉽게 파악이 되지만 품질 및 시공에 대한 문제는 단번에 파악이 어렵다. 여기서는 이러한 문제와 개선 사항을 파악하면서 현장의 담당자들이 각 커플러의 특징을 면밀히 보게 하여, 커플러 선정 시 도움을 주고자 한다.

1. 특허의 간략 소개

필자는 국내 특허 제도가 정말 잘 형성되어 있다고 생각한다. 우리가 말하는 특허는 기술에 대한 권리를 갖는 것을 뜻하는데 특허 외에 간단한 디자인만으로도 권리를 가질 수 있는 디자인등록도 있다. 일단 특허나 디자인을 등록하면 20년 동안 그 권리가 존속되는데 (물론 연차료를

납부하여야 한다.) 이 이후에는 모든 사람들이 사용할 수 있는 권리로 변경된다. 기술 개발을 하는 사람으로서는 20년 동안 한 기술을 사용할 독점적인 권리를 획득하는 것이기 때문에 기술의 개발에 힘을 쏟을 명분이 있으며 20년 뒤에는 그 기술을 모두가 사용할 수 있게 되기 때문에 해당 분야의 전반적인 기술 발전에 도움을 주게 된다. 또한 특허는 전 세계적으로 공유되는데 예를 들어 미국에서 철근을 새로 개발하였다고 하면 한국에서는 미국의 특허출원 시점부터는 동일 기술에 대한 특허를 출원하더라도 권리를 인정받을 수 없다.

특허에 대한 지식이 없는 사람들은 일반적으로 특허라고 하면 특별한 기술을 가지고 독자적인 생산을 할 수 있다고 판단하기 쉽다. 하지만 실제로는 정말 창의적인 아이디어가 아닌 이상 특허의 대다수는 이미 만들어진 제품에 살을 붙이는 방향의 특허이다. 예를 들어 철근 커플러 중 가장 일반적인 제품은 나사 커플러이다. 나사 커플러는 단순히 파이프 형상이며 내부에 나사가 가공되어 있는 소켓인데, 이를 특허로 출원하는 것은 나사 커플러 자체가 존재하지 않았던 때에나 가능한 이야기이다. 그렇기 때문에 나사 커플러에 대한 특허는 기존의 나사 커플러에 살을 붙이는 방향으로 출원되곤 하는데 예를 들어, 나사 커플러의 내부 나사산 형상을 바꾼다거나 철근 인입부를 철근 삽입이 쉽도록 형상을 바꾸는 것이다. 물론 이러한 단순한 추가는 발명의 신규성, 진보성을 만족하기 힘들므로 특허 등록이 되지 않을 가능성이 높다. 또한 새로운 원리의 제품이 출시된 초기에는 기술과 관련한 수많은 특허가 출원될 수 있다. 그만큼 기술의 진보 가능성이 많기 때문이다. 하지만 오래된 기술은 더 응용할 수 있는 범위가 좁기 때문에 시간이 갈수록 특허를 등록받기가 쉽지 않다.

2. 커플러 종류별 특허출원 통계

철근 커플러의 특허는 특허정보검색서비스(키프리스)에서 수집하였는데 국내 특허출원, 등록 정보와 특허의 구성 내용을 확인할 수 있다. 국내에서 철근 커플러의 특허는 1997년부터 시작되어 2021년까지 총 567건 출원되었다. (관련된 특허를 포함하면 더 많다.)

연도별 특허출원은 1997년~2001년에 29건, 2002년~2006년에 49건, 2007년~2011년에 60건, 2012년~2016년에 137건, 2017년~2021년에 292건으로 꾸준히 증가하는 추세를 보인다.

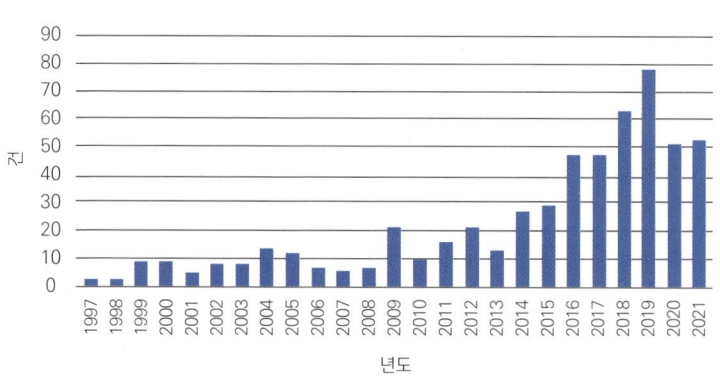

철근 커플러 특허 출원 수

1997년~2001년의 5년 동안 출원된 특허보다 2017년~2021년의 5년 동안 출원된 특허가 10배가량 많은데 이는 2000년대 초반 연평균 특허 출원 수가 10만 건에서 2020년 22만 건으로 2배 이상 증가한 것을 감안하더라도 엄청난 증가 폭이다. 그만큼 철근의 이음에서 커플러 이음의 관심이 커진 것을 의미한다. 철근 커플러의 체결 방식, 그리고 용도로 구분하여 종류별로 나누어 출원된 수를 파악하였는데 그 종류는 아래와 같다.

- 체결 방식에 따른 분류: 나사 커플러, 나사철근 커플러, 현장 체결식 커플러, 강관 압착 커플러, 그라우트 충진 커플러, 복합방식 커플러, 철근 특수가공 커플러

- 용도에 따른 분류: 이경 커플러, 프리캐스트 커플러, 터미네이터, 폼 세이버, 회전 커플러, 커플러 체결 보조 도구

나사 커플러는 단부에 나사 가공을 한 철근을 연결하는 커플러로 분류하였으며, 나사철근 커플러는 제강사에서 생산 시부터 나선형으로 제작된 철근을 연결하는 커플러로 분류하였다. 또한 현장 체결식 커플러는 건설 현장에서 공구의 사용 없이, 혹은 일반 공구(파이프렌치 등)을 사용하여 가공되지 않은 철근을 이음하는 커플러로 분류하였다. 현장 체결식 커플러는 또 다시 세부적으로 분류하였는데 이는 이후에 자세히 살펴보도록 하겠다. 복합방식 커플러는 두 가지 이상의 방식으로 나사식과 현장 체결식을 혼합하여 사용한 커플러가 일례이다. 철근 특수가공 커플러는 철근 단부 혹은 전부를 특수한 형상으로 가공한 커플러로 분류하였다.

1997년~2021년 출원된 철근 커플러 특허 수를 세어 보면 다음과 같다. 현장 체결식 커플러가 69%로 가장 많으며, 나사 커플러가 9%로 그 뒤를 이으며, 나사철근 커플러가 5% 정도이다. 나머지는 복합방식 커플러, 철근 특수가공 커플러, 그라우트 슬리브 커플러, 강관 압착 커플러 순으로 나열되며 용도별 커플러(이경 커플러, 프리캐스트 커플러, 터미네

이터, 폼세이버, 회전 커플러, 커플러 체결 보조 도구)와 기타 분류하기 힘든 커플러 순이다.

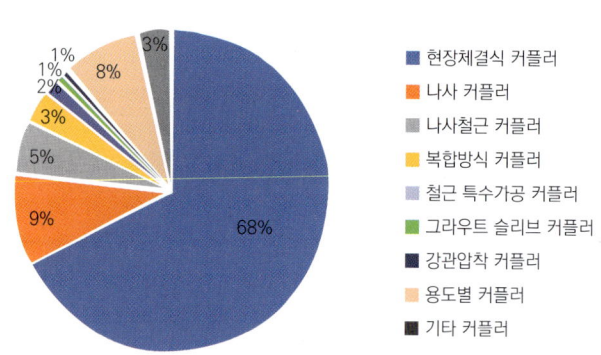

현장체결식 커플러 출원 비율(1997~2021)

현장에서 가장 범용적으로 사용되는 철근 커플러는 나사 커플러인데 왜 현장 체결식 커플러의 특허출원이 압도적으로 많을까? 그 이유는 나사 커플러의 진보 가능성이 상대적으로 작기 때문이다. 앞서 설명하였듯이 나사 커플러는 아주 단순한 구조로 특별한 기술을 추가할 사항이 극히 드물다. 반면 현장 체결식 커플러는 형상, 원리의 제약이 없기 때문에 다양한 특허출원이 가능하다. 그렇다면 현장 체결식 커플러 중에서의 출원 수의 순위는 어떻게 될까? 현장 체결식 커플러는 철근의 가공 없이 현장에서 체결할 수 있는 커플러로 범위가 매우 포괄적이다. 그렇기 때문에 체결 방식에 따라서 조금 더 세분화하여 분류하였는데 이는 다음과 같다. 공구를 사용하지 않고 단순 삽입만으로 체결이 되는 원터치 커플러, 단순 삽입 후 회전 혹은 부품 삽입 등과 같은 간단 공정이 추가되는 반터치 커플러(Half One-touch coupler)[3], 철근 마디에 호환되는 편체를 사용하는 마디편체 커플러, 쐐기를 커플러에 공구를 이용하여 삽입하는 쐐기형 커플러, 일렬로 된 볼트 조임을 하는 볼트 체결식 커플러, 그리고 그 외 다양한 현장 체결식 커플러로 나누었다.

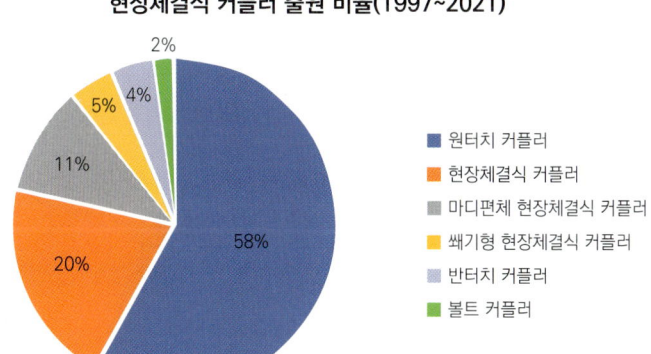

현장체결식 커플러 출원 비율(1997~2021)

위의 도표를 보면 원터치 커플러의 출원이 가장 많다. 원터치 커플러의 가장 큰 장점은 편리한 시공인데 다시 말해 원터치 커플러 출원이 많다는 것은 편리한 커플러에 대한 건설 현장의 관심이 많다고 볼 수 있다. 기타 분류할 수 없는 현장 체결식 커플러를 제외하고 그다음으로 출원 수가 많은 것은 마디편체 현장 체결식 커플러인데 철근의 마디와 리브를 이용하여 보다 안정적인 체결이 가능한 커플러다. 이는 일반적으로 해외의 피쉬본 형상 철근이나 다이아몬드 형상 철근에는 적용이 어렵고, 한국과 일본 등에서 사용되는 대나무 형상의 철근에 호환되는 특징이 있다.

---

3. 반터치 커플러: 일반적으로 사용되는 용어는 아니나 현장 체결식 커플러 중 원터치 삽입 후 간단한 공정만으로 구성되는 방식으로 정의한다.

3. 특허를 통해 알아보는 커플러의 역사와 정보

이제부터는 특허 기술의 내용을 자세히 살펴보고자 한다. 국내에 출원된 역대의 철근 커플러 관련 특허 기술을 정리했는데, 먼저 이 글의 목적은 특허의 내용을 바탕으로 다양한 기술이 철근 커플러에 적용될 수 있음을 안내하는 것이 목적이다. 권리 범위에 대한 확인이 필요한 경우에는 특허정보검색서비스의 이용을 추천한다. 서술방식은 특허의 기술을 요약하고 필자의 의견을 덧붙이는 방식을 취했다. 각 특허의 요약문에는 원전의 용어를 그대로 사용하느라 생경한 기술 용어, 혹은 통일되지 못한 표현이 등장할 수도 있음에 독자의 양해를 구한다.

1) 나사 커플러

나사 커플러는 철근의 기계식 이음과 기원을 같이하기 때문에 특허의 출원 전부터 사용이 되어 왔다. 국내 특허 중 검색 가능한 나사 커플러 중 가장 오래된 특허는 1998년에 출원되었다. 해당 특허는 그 형상이 범용적인 볼트와 너트와 같기 때문에 일반적인 소켓 형상의 나사 커플러에 대한 모든 권리를 가질 수는 없었다. 그렇다면 나사 커플러는 어떤 진보된 기술의 특허가 출원되어 왔는지 알아보자.

먼저 연도별로 나사 커플러가 얼마나 출원되었는지 살펴보겠다.

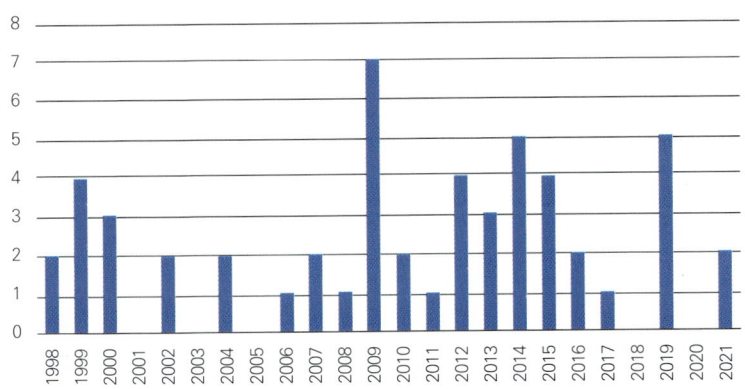

연도별 나사커플러 출원 수

1998년 최초 특허출원 후 꾸준히 출원되고 있음을 볼 수 있다. 이 중 모두를 분석하기보다는 새로운 기술이라고 판단되거나 도움이 될 만한 정보를 담고 있는 특허만 분석하고자 한다.

(1) 압연 후 전조나사 가공한 철근(1998)

특허출원번호: 10-1998-0011097

발명의 명칭: 콘크리트-보강 환봉의 기계적 이음 방법

핵심기술 요약: 이 특허는 엄밀히 말하면 나사 커플러에 대한 특허라기보다는 나사 커플러에 사용되는 철근에 대한 특허이다. 철근의 가공 방법은 앞서 설명하였듯이 나사산을 깎아서 가공하는 방식, 압연기로 환봉 형상을 만든 후 나사를 전조 가공하는 방식, 부풀림 가공 후 나사산을 깎거나 전조 가공하는 방식이 대표적이다. 그중 이 특허에서는 철근을 압연한 후 전조나사 가공을 하는 내용인데, 나사산의 지름에 대한 조건이 붙어 있다.

철근 나사부는 나사골의 지름(d2)과 나사산의 지름(d3)으로 나뉘는데 나사골의 지름은 철근의 호칭지름(φ)보다 작으며 나사산의 지름은 철근의 호칭지름보다 더 크도록 되어 있다.

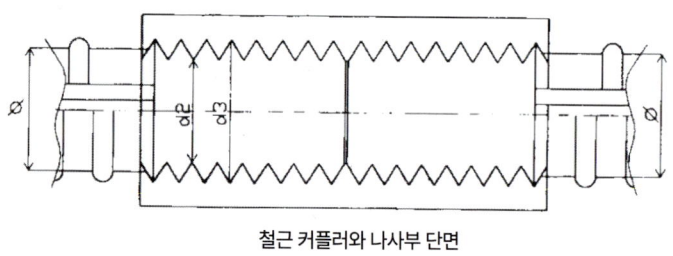

철근 커플러와 나사부 단면

해당 특허의 당시 기술적 진보는 기존의 업세팅(부풀림) 후 절삭나사 가공을 하는 방식에서 업세팅 공정 대신 압연을 함으로써 작업 지연과 시공상의 원가 상승 요인을 해결했다고 기술되어 있다. 또한 절삭나사 가공의 나사산의 형상이 균일하지 못하고 거칠어 커플러 이음 작업 시 원활하지 못하다는 문제점이 개선되었다고 한다.

📎 필자의 의견

업세팅을 하는 목적은 단면적을 증대하기 위함이다. 나사부의 단면적이 철근의 단면적보다 작다면 나사부가 취약부가 되므로 철근의 강도를 온전히 발휘할 수 없게 된다. 그렇기 때문에 업세팅 후 절삭나사 가공을 하는데 절삭나사 가공을 하더라도 이미 업세팅으로 인해 단면적이 확보되어서 단면적 문제는 없다. 하지만 절삭이 갖는 큰 취약점이 있다. 일반적인 철근은 템프코어라 불리는 냉각 공정이 적용되어 외측부는 단단하고 심부는 무른 특성을 갖기 때문에 외측부를 절삭하게 되면 무른 심부만 남기 때문에 철근의 인장강도에 영향을 미치게 된다. 이를 해결하기 위하여 절삭나사 가공이 아닌 전조나사 가공을 하는 것이다. 해당 특허에서는 절삭나사 가공이 나사산의 형상이 균일하지 못하고 거칠어 커플러 이음 작업 시 원활하지 못하다고 하였는데 오히려 절삭나사 가공이 공차가 작고 정밀한 가공이기 때문에 이음 작업에 도움이 될 수 있다. 반대로 전조나사 가공은 철근을 압연하여 가공하는 방식이기 때문에 철근의 강도가 높아질수록 가공의 정밀도가 떨어질 위험이 있다.

이와 유사하게 특허출원번호 10-1999-0011170에서는 전조나사 가공 후 둥근 나사를 가공하는 것, 출원번호 10-2007-0018206에서는 스웨이징 후 표면을 절삭한 다음 전조나사 가공을 하는 것, 출원번호 10-2008-0061738에서는 상부금형과 하부금형 사이에 철근을 위치한 후 프레싱을 통하여 나사를 형성하는 것이 있다.

(2) 테이퍼 나사 철근 커플러(1999)

특허출원번호: 10-1999-0020247

발명의 명칭: 콘크리트 보강봉의 이음 구조

핵심기술 요약: 이 특허는 철근의 나사산을 단부로 갈수록 원추형으로 경사지게 형성하였다. 테이퍼 나사는 해외에서 일반적으로 사용되는 나사 가공 공법으로 일반나사보다 단면적이 작기 때문에 강도는 떨어지지만 체결성이 좋은 장점이 있다.

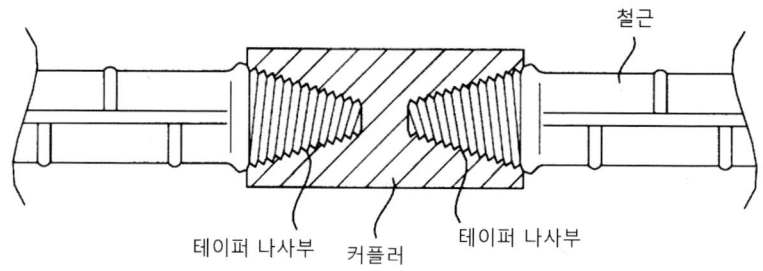

테이퍼 나사 철근 커플러 단면도

(3) 복합방식 나사 철근 커플러(2000)

특허출원번호: 10-2000-0004511

발명의 명칭: 철근 이음쇠

핵심기술 요약: 이 특허는 일반적인 나사 커플러에 추가 고정수단을 구비한 것이다. 고정 수단은 ① 커플러 몸체의 외부 나사산과 호환되는 너트가 될 수도 있으며 ② 철근을 압박하는 볼트가 될 수도 있으며, ③ 그라우트 충진이 될 수도 있다.

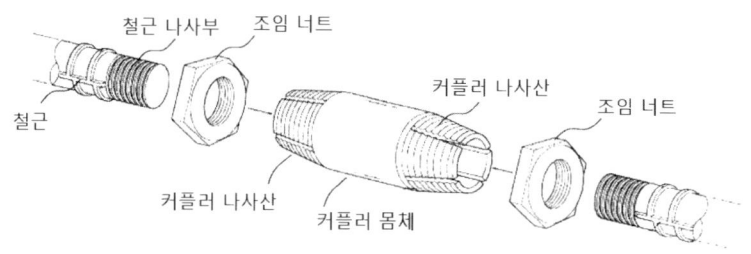

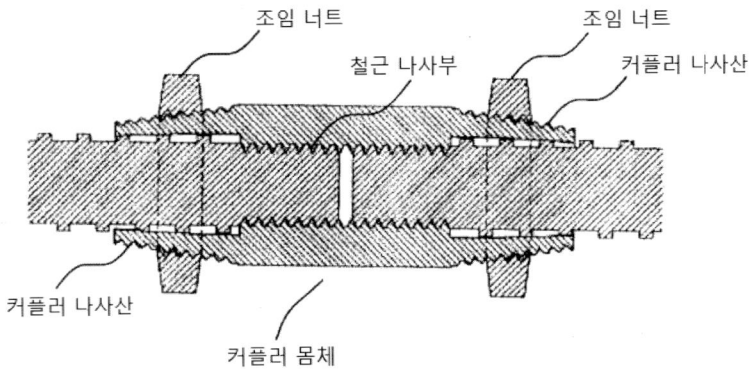

1) 커플러 몸체의 외부 나사산과 호환되는 너트 방식(입체도&단면도)

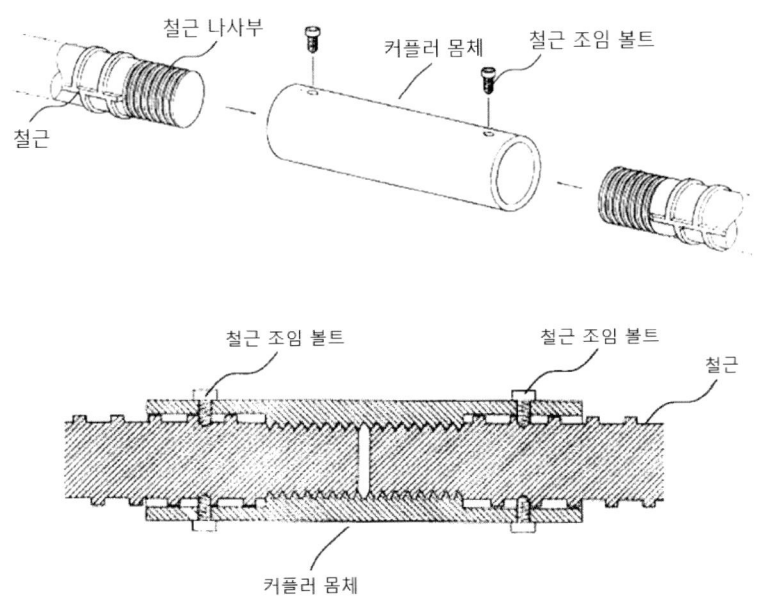

2) 철근을 압박하는 볼트 방식(입체도&단면도)

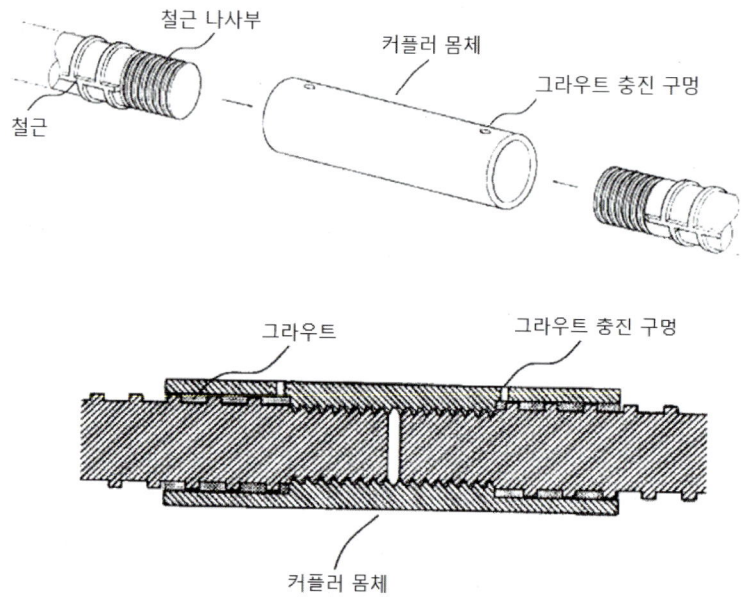

3) 그라우트 충진 방식(입체도&단면도)

 필자의 의견

> 추가 고정 수단이 있기 때문에 철근이 진동과 같은 외력에 의해 풀림이 방지되는 장점이 있다. 하지만 기존의 풀림 방지 수단은 잠금너트를 이용하기 때문에 해당 특허로 만든 제품은 단가 경쟁력이 부족할 것으로 예상된다.

(4) 아크용접한 나사철근 커플러

특허출원번호: 10-2002-0018404

발명의 명칭: 철근콘크리트용 이형봉강 이음구조

핵심기술 요약: 이 특허는 이음하고자 하는 철근의 마디와 마디 사이의

골진 부분에 아크용접을 하여 덧살을 형성함과 동시에 이 덧살 부분에 완전나사를 형성하고, 덧살 부분에 근접한 마디와 리브 측에는 불완전나사를 각각 형성한 후 이 완전나사와 불완전나사를 통해 커플러를 체결하는 방식이다. 이 방식은 완전나사와 불완전나사 부위에 모두 커플러가 체결되기 때문에 이음 길이가 증가해 기존 나사 커플러 대비 강도와 강성이 좋다. 여기서 아크용접의 덧살 형성은 CO^2 아크용접기를 사용하고 용접봉은 솔리드 와이어를 사용하였으며 연속용접 방식으로 철근을 회전시키면서 연속으로 시행하였다.

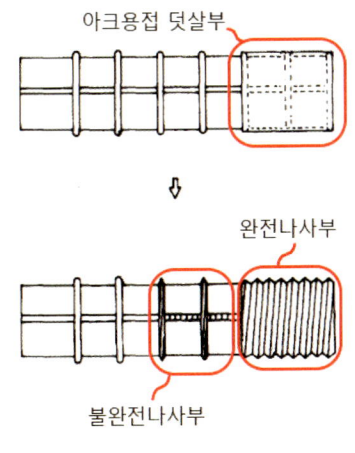

아크용접 덧살 형성 및 나사 가공 단계

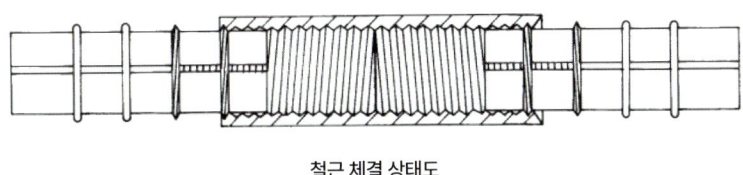

철근 체결 상태도

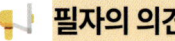 **필자의 의견**

> 철근 단부에 나사 가공을 하기 전에 철근의 마디와 리브 요철을 환봉 형상으로 만드는 것이 필요하다. 이 방법 중 현재 일반적으로 쓰이는 것이 스웨이징 공법이다. 하지만 이 특허에서는 마디와 리브의 높이에 맞춰서 아크용접하여 덧살을 만드는 것이 특이점이다. 덧살로 인하여 단면적이 증대되므로 업세팅과 유사한 역할을 한다고 볼 수 있다. 그 외에 나사 가공 시 완전 나사부와 불완전 나사부 형성은 기타 철근에서도 가능하므로 특별하지 않다고 판단한다.

(5) 경량화된 철근 나사 현장 가공 장치

특허출원번호: 10-2004-0015332

발명의 명칭: 철근 단부 나사 가공장치

핵심기술 요약: 현재 대부분의 나사 커플러는 현장 가공이 아닌 공장에서 가공되어 현장에 납품된다. 하지만 이 특허가 출원된 2004년은 공장 가공과 현장 가공이 혼용되던 시기였다. 현장 가공의 장점은 소규모 현장에서 구조물의 치수나 형상이 바뀌었을 때 신속한 대응이 가능하다는 것이다. 하지만 종래 현장에서 사용되던 철근용 나사 가공 장치는 나사산 형성이 모터에 의해 절삭공구의 회전운동으로 이루어졌으나, 철근의 이동을 수작업으로 해야 돼서 작업 속도와 정밀도에 한계가 있었다. 이 문제점을 해결하기 위해 절삭공구의 왕복운동을 위한 별도의 모터를 장착하는 방법도 고려할 수 있으나, 이 경우 왕복운동용 모터와 그 부속장치로 인하여 나사 가공 장치가 대형화될 수밖에 없고 이동성이 현저히 떨어져 현장 적용성 확보가 어려운 문제점이 있다고 한다. 그래서 이 특허에

서는 하나의 모터로 회전운동과 왕복운동을 가능하도록 하여, 편리하고 신속한 가공과 가공 장치의 소형화를 가능하게 하였다.

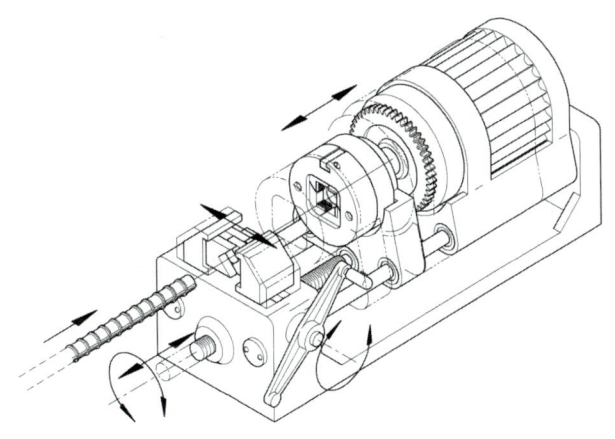

철근 나사 현장 가공 장치도

필자의 의견

필자는 철근 가공 장치에 대한 전문 지식이 부족하여 기계적 원리에 대한 정확한 분석은 힘들다. 하지만 특허의 내용 그대로 실현이 가능하다고 보았을 때 당시에는 유용한 제품이 될 수 있었을 것이라 생각한다. 현재는 현장 가공의 절삭방식이 모재 철근의 단면적 결손 때문에 사용이 줄어들었지만 당시에는 현장에서 가공이 필요한 경우가 많았기 때문에 협소한 현장에서는 이 가공 장치가 제품화되었다면 수요가 있었을 것이다.

(6) 볼트접합 나사 커플러

특허출원번호: 10-2004-0015554

발명의 명칭: 철근 연결부 구조

핵심기술 요약: 이 특허는 철근의 나사부를 가공하는 것이 아닌 나사이음 부재(볼트)를 철근 단부에 접합하는 방식이다. 철근을 변형하여 나사부를 형성할 때에는 철근 단면적을 크게 벗어나기 힘들다. 하지만 이미 나사산이 형성된 볼트를 접합하는 방식은 나사의 형태, 직경, 길이 등을 선정하여 접합만 하면 되기 때문에 선택의 폭이 넓다.

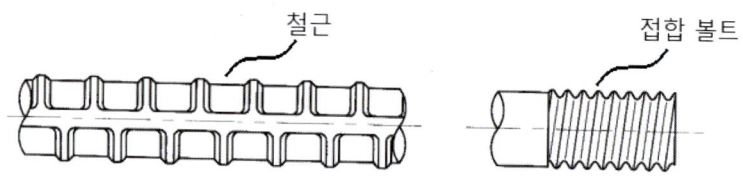

볼트와 철근의 접합 전 도면

 필자의 의견

> 이 방식은 실제로 일본에서 사용되고 있다. 철근에 전조나사 가공을 하는 것은 나사산의 정밀도가 떨어지므로 현장에서 원활한 체결을 위해 커플러와 철근 나사부를 약간 헐겁게 한다. 이는 종종 이음강도의 저하로 이어진다. 하지만 볼트를 접합하면 나사산의 치수가 정밀하기 때문에 현장 체결을 원활히 하면서도 강도를 확보할 수 있기 때문에 구조적인 장점이 많다. 하지만 국내 도입이 안 된 이유는 가격 경쟁력에서 불리하기 때문이라 생각한다.

(7) 다줄 나사를 갖는 단면적 보강 나사 커플러

특허출원번호: 10-2006-0100938

발명의 명칭: 인장강도를 보강한 철근용 커플러

핵심기술 요약: 이 특허는 나사 커플러의 외부 디자인 및 내부 다줄 나사에 대한 것이다. 먼저 커플러 내측 암나사는 다줄 나사로 형성되어 있는데 다줄 나사에 대해서 먼저 알아보자.

💡 **인사이트: 외줄 나사와 다줄 나사**

다줄 나사란 2개 이상의 나사산을 갖는 나사이다. 나선의 줄 수에 따라 2줄 나사, 3줄 나사로 분류되는데 다줄 나사의 장점은 피치는 유지하면서 같은 회전량으로 더 많은 거리를 이동할 수 있다는 것이다. 즉 줄 수가 많을수록 빠른 체결이 가능하다.

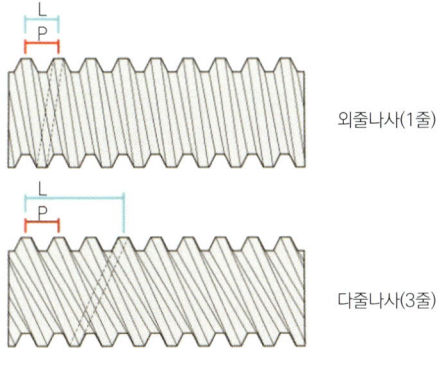

외줄 나사와 다줄 나사 비교

외줄 나사와 다줄 나사는 피치와 리드로 구분할 수 있다. 여기서 피치란 스크류 홈 사이의 거리이며, 리드는 스크류 1회전당 이동하는 직선거리이다. 위 그림에서 외줄 나사 대비 3줄 나사가 1회전당 이동하는 직선거리가 3배임을 알 수 있다.

> 하지만 다줄 나사의 단점도 있는데, 체결 속도를 향상하기 위해 다줄 나사를 채택하면 리드와 리드각이 커지게 된다. 이에 따라 나사의 체결력은 약해지게 된다.

이 특허에서는 이러한 다줄 나사를 내주면에 형성하는데 이때 커플러 내에서 철근과 철근이 맞닿는 부위가 취약부가 된다. 이는 다줄 나사를 형성한 커플러의 유효단면적이 외줄 나사를 형성한 커플러의 유효단면적보다 줄어들어 인장강도가 약해지기 때문이다. 이 문제를 해결하기 위해서 다각형의 외형을 갖는 나사 커플러의 중앙부를 원형으로 단면적을 보강하였다. 이를 통해 커플러 이음부의 순간격을 조금 더 확보할 수 있고, 원형 커플러 대비 무게 절감이 가능하며 다각형 커플러 대비 강도 보강이 가능하다.

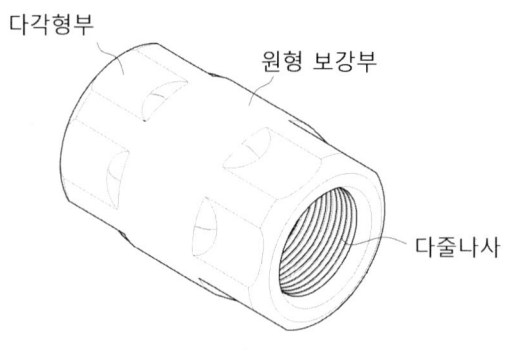

다줄 나사를 갖는 단면적 보강 커플러 외형

이는 국내 나사 커플러 제조업체 '㈜부원비엠에스'에서 출원한 특허이며 2024년, 지금도 이 형상의 철근 커플러를 제조 판매하고 있다.

> **필자의 의견**
>
> 상기 명시된 장점 외에도 이 커플러는 다각형 커플러가 갖는 파이프렌치 등의 공구 사용이 용이한 점과 커플러 외부 요철로 인해 콘크리트 부착강도가 증가되는 장점이 있다. 현재 D25 이상 사이즈의 국내 나사 커플러 중 대부분이 체결의 편의를 위해 두줄 나사이다. 그러므로 중앙부 보강은 실질적인 효과가 있을 것으로 보인다. 물론 나사 커플러는 제품 크기가 다른 커플러 대비 가장 작으며 이음 비용 중 커플러 자재비가 작은 편이다. 하지만 단순한 구조의 나사 커플러라도 시공을 배려한 작은 장점들이 모인다면 시장에서 경쟁력이 있을 것이라 생각한다.

(8) 철근망 선조립 공법에 사용되는 나사 커플러

특허출원번호: 10-2007-0025844

발명의 명칭: 나사형 슬리브에 의한 철근 연결구

핵심기술 요약: 철근망 선조립 공법이란 미리 주근과 띠철근을 조립하여 철근망을 만든 후 현장에서 양중하여 부재를 접합하는 공법으로 공기 단축, 작업 환경 개선 등의 장점이 있다. 이 특허는 선조립 공법에 사용되는 철근망을 연결하는 나사 커플러에 관한 것으로 주근이 띠철근에 의해 일체로 고정되어 철근을 돌려 커플러와 나사 체결을 할 수 없을 때 사용 가능하다.

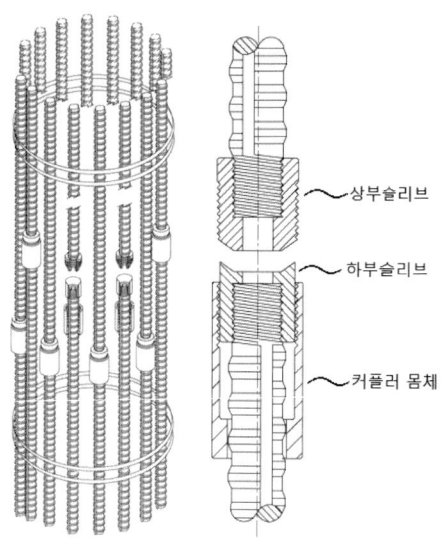

철근망 선조립 공법(좌), 나사 커플러 단면(우)

　종래의 선조립 철근망의 철근 이음 방식 중에서 철근 단부에 나사를 형성하여 내면에 암나사부가 형성된 하나의 커플러로 연결하는 방식은 이미 각각의 철근이 띠철근과 일체로 결합되어 있다. 그렇기 때문에 철근의 회전이 불가능하여 양단 철근의 나사산 시작점을 일치시킬 수 없고, 철근망의 변형으로 맞닿는 철근의 중심선을 일치시키기 어려워 커플러와 나사의 체결이 불가능한 문제를 해결하기 위해 나사형 슬리브를 도입하였다. 체결 과정은 양측 철근의 수나사부에 각각 슬리브를 체결하며 하부 철근에서 커플러 몸체를 들어 올려 상부 슬리브의 외측 나사산에 체결을 하면 나사산의 시작점과 관계없이 체결이 가능하며 중심선이 약간 틀어져 있더라도 문제가 없다.

필자의 의견

철근망 선조립 공법에서의 철근 이음은 프리캐스트 콘크리트와 유사하다. 하지만 차이점이 있다. 프리캐스트 콘크리트는 철근의 유동이 완전히 제한되어 있으나 철근망 선조립 공법의 철근은 조금의 유동이 가능하다. 그렇다면 그로 인한 커플러 사용은 어떻게 달라질까? 프리캐스트 콘크리트에서 철근 이음은 상하부 철근의 중심선이 보통 10~20mm까지 틀어져 있을 수 있으며 진직도 또한 조금 틀어질 수 있다. 또한 나사산의 시작점이 일치하지 않기 때문에 일반적인 나사 커플러의 이음이 불가능하다. 하지만 철근망 선조립 공법에서는 철근이 띠철근과 일체로 결합되어 있다고 하더라도(철근 회전이 가능한 경우도 있다.) 진직도와 나사산의 시작점을 약간 이동해 맞출 수 있기 때문에 아래 그림과 같이 나사 커플러를 회전시키는 방식을 사용할 수 있다.

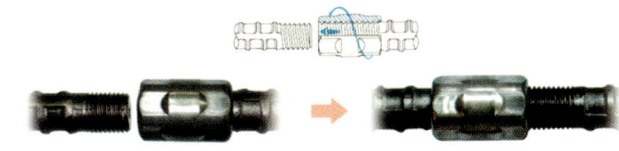

긴 나사 쪽에 커플러를 조립한 후 짧은 나사 쪽으로 커플러를 돌려서
이음될 철근을 서로 맞대어 놓음   연결 시공

철근 회전이 불가능할 때 사용되는 나사 커플러

물론 이 특허의 커플러를 사용한다면 일반적인 나사 커플러 체결보다 손쉽게 이음은 가능할 것으로 보이지만 아무래도 가격이 상대적으로 비쌀 수밖에 없기 때문에 현장 적용성은 낮다고 본다.

(9) 굴절식 나사 커플러

특허출원번호: 10-2009-0039933

발명의 명칭: 철근 연결용 굴절식 커플러

핵심기술 요약: 이 특허는 연결된 철근이 자유롭게 굴절됨에 따라 철근 콘크리트 구조물의 특성상 곡선 형태로 철근을 배근 작업할 경우 시공이 보다 신속하고 간편하게 실시되는 것을 목적으로 하였다. 제품 구성은 테이퍼 나사 가공된 철근과 이에 체결되는 두 슬리브가 있는데 하나는 바디와 나사 결합이 되는 슬리브이며, 다른 하나는 바디 내측에 삽입되어 회전할 수 있도록 구형 면을 가지는 슬리브이다.

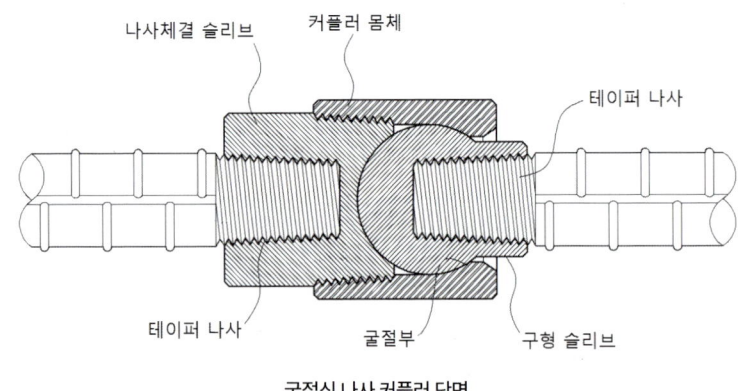

굴절식 나사 커플러 단면

 필자의 의견

> 회전이 가능한 구형 슬리브를 이용하여 일정 각도까지 굴절이 가능할 것으로 보인다. 조금 더 응용한다면 철근의 진직도, 중심선 불일치 시에도 체결이 가능하기 때문에 프리캐스트 콘크리트의 철근 이음에도 응용할 수 있을 것으로 보인다.

(10) 철판을 이용한 나사 커플러 제조 방법

특허출원번호: 10-2009-0053292

발명의 명칭: 철근과 철근을 이음하는 커플러 제조방법

핵심기술 요약: 일반적으로 나사 커플러는 파이프 형상의 몸체 내부에 철근의 나사부와 호환되는 암나사를 가공한다. 하지만 이 특허는 나사 커플러 제조 방법에 있어서 철판에 암나사를 형성한 후 둥글게 말아 양단을 밀착시키고 이 부위를 용접하여 마무리한다. 특허출원의 목적은 기존의 제조 방법보다 생산 시 원가 절감을 하기 위함이다.

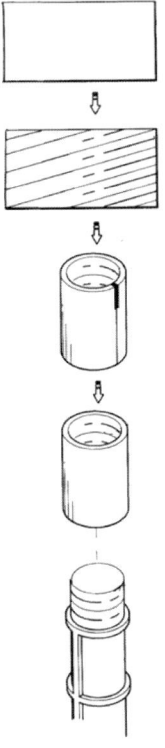

철판을 이용한 나사 커플러 제조 방법

> **필자의 의견**
>
> 해당 출원 건은 출원에서 끝나고도 등록되지 못하였다. 만약 등록된다고 하더라도 이 제조 방법으로 제조하였을 때 용접하는 이음부의 나사 면이 매끄럽게 잘 형성되지 못할 것으로 보인다. 또한 용접부가 취약부가 되어서 강도 저하의 원인이 될 가능성이 클 것이다. 그럼에도 이 특허를 수록한 이유는 제조 방법의 아이디어가 참신하다는 것과 혹시나 이런 방법을 이용하여 커플러 제조 시에는 구매자가 제조공정을 확인한 후 결함에 대한 확인 당부를 하고자 함이다.

(11) 철근의 전조나사 가공 방법 간소화

특허출원번호: 10-2009-0123086

발명의 명칭: 철근 이음부에 나사부를 형성하는 방법 및 장치

핵심기술 요약: 일반적으로 국내에서 전조나사 가공 방법은 크게 철근을 스웨이징 가압하는 공정과 나사부 형성을 위한 전조나사 가공 공정이 있다. 즉, 스웨이징 기기와 전조나사를 가공하는 기기가 따로 있는데 이 특허에서는 두 가지 공정을 동시에 일괄 처리할 수 있도록 하는 방법 및 장치를 제시한다.

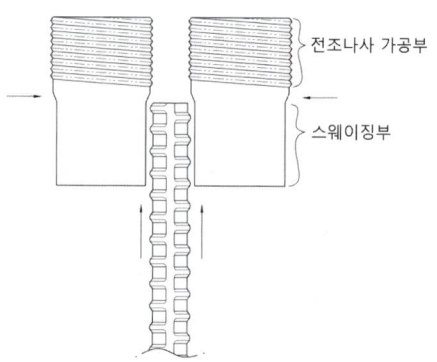

철근의 전조나사 가공 방법 간소화 도면

나사 가공 장치는 2개의 나사 가공 전조 롤러로 구성되고, 각각의 전조 롤러는 철근이 인입되는 전방의 가압부 및 후방의 나사형성부가 일체로 형성되어 있다. 가공 순서는 2개의 전조 롤러 사이에 철근을 위치시키고 전조 롤러를 회전시켜 철근을 가압하는 스웨이징 공정을 수행한다. 그 후 전조 롤러에 가압부와 일체로 형성된 나사 형성부로 서서히 철근을 이동시켜서 원하는 나사부가 형성되도록 가공한다.

 필자의 의견

> 스웨이징과 전조나사의 가공이 합쳐질 수 있다면 편리하겠다는 생각이 들었다. 하지만 일반적인 스웨이징 기기는 롤링하는 방식이 아니며 가압하는 방식이다. 반면 전조나사 가공 공정은 롤링 방식이기 때문에 이를 어떻게 한 기기로 사용할 것인지가 관건일 것으로 보인다.

(12) 충진제를 도포한 나사 커플러

특허출원번호: 10-2009-0128699

발명의 명칭: 이형철근 연결용 커플러

핵심기술 요약: 나사 커플러는 철근의 체결 후 체결 반대 방향으로 돌리면 철근이 풀린다. 이 특허는 일반적인 나사 커플러의 내부에 충진제를 도포하는 것이다. 커플러 체결 후 콘크리트를 타설할 때 혹은 양생 중에 발생하는 진동이나 충격에 철근 커플러의 나사 체결 부위가 풀리거나 마모되는 현상을 방지하고자 하는 것이 목적이다.

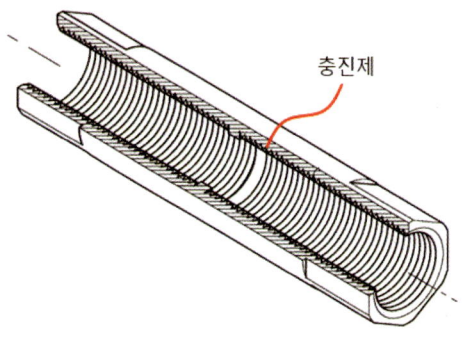

충진제를 도포한 나사 커플러 도면

 필자의 의견

기존 나사 커플러에서 풀림을 방지하기 위해 잠금너트를 사용한다. 하지만 이 특허에서는 충진제 도포로 잠금너트를 대체하여 철근의 풀림을 방지하고자 하였다. 커플러의 성능을 평가하는 각종 테스트를 통과한다면 현장에서 풀림 방지용으로 충진제를 도포한 후 체결하는 것도 하나의 방법일 것이다.

(13) 토크쉐어 나사 커플러

특허출원번호: 10-2011-0076595

발명의 명칭: 분리부 응력 분산이 가능한 커플러 및 이를 이용한 부재 연결방법

핵심기술 요약: 나사 커플러는 양측 철근을 서로 견고하게 연결하기 위해서는 커플러가 일측 철근의 연결 단부와 타측 철근의 연결 단부에 걸쳐 더 이상 회전하지 않을 때까지 양측 철근과 함께 강하게 조여져야 한

다. 그러나 일반적인 나사 커플러는 철근과 커플러를 언제까지 함께 조여 연결해야 철근이 서로 완전하게 연결될 수 있는지 알 수가 없고, 철근에 대한 커플러의 조임 정도를 정량적으로 조절하고 나아가 이를 검증할수가 없기 때문에 작업자의 능력과 성실도에 의존할 수밖에 없었다.이 특허는 이러한 문제점을 해결하기 위해 커플러의 조임이 충분한 정도로 이루어져 있음을 육안으로 쉽게 확인할 수 있도록 하여, 커플러가 작업자에 의해 불충분하게 조여지는 상황이 발생하는 것을 방지하는 것을 목적으로 한다. 커플러의 형상은 일반 나사 커플러와 연결되는 토크쉐어부가 추가되는데 일정 힘으로 조였을 때 토크쉐어부가 커플러로부터 분리되도록 되어 있다. 또한 토크쉐어부는 스패너, 파이프렌치 등과 같은 공구로 조임을 할 수도 있지만 유압을 이용한 회전 장치를 이용하는 방법도 도시되어 있다.

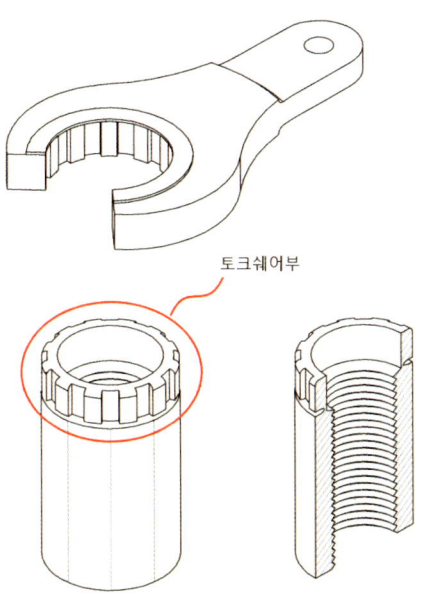

토크쉐어 커플러 도면과 이에 호환되는 스패너

필자의 의견

이 특허는 대우건설에서 출원한 것으로 개인적으로는 건설 현장에서 유용한 방법이라 생각한다. 나사 커플러는 일정 이상의 조임력이 필요한데 보통은 긴 철근을 손으로 돌리는 것만으로는 부족하다. 그렇기 때문에 원칙적으로는 파이프렌치와 같은 공구로 조임을 해야 하는데 많은 현장에서 번거롭다는 이유로 손 조임만 하고 있다. 하지만 육안으로는 공구를 이용해 조임을 제대로 했는지 손으로만 조임을 했는지 알 수 없기 때문에 시공이 된 후 검사하기가 곤란하다. 물론 토크렌치와 같은 토크 측정 기구를 이용하면 검사가 불가능하지는 않지만 대부분의 현장에 상용화되어 있지 않다. 이러한 불편함을 해소할 수 있는 것이 이 특허의 토크쉐어부 도입이라 생각한다. 건설 현장에 보편화된 커플러는 아니지만(아마 단가가 더 비싸기 때문일 것이다.) 향후 국내 건설업계가 품질을 높이기 위해 나아가야 하는 방향이다.

(14) 철근 인입 가이드와 일체화된 잠금너트를 가진 나사 커플러

특허출원번호: 10-2012-0025065

발명의 명칭: 철근 커플러 및 이를 이용한 철근 커플러의 체결방법

핵심기술 요약: 이 특허는 한쪽에는 철근의 체결을 쉽게 할 수 있도록 테이퍼 형상의 인입구가 있으며 반대쪽에는 바로 앞선 토크쉐어부로 구성되어 있다. 하지만 앞선 특허와는 달리 토크쉐어부 내측에 나사산이 형성되어 있으며 일정 조임력으로 떨어져 나간 후 반대쪽으로 조이면 잠금너트의 역할을 동시에 할 수 있다.

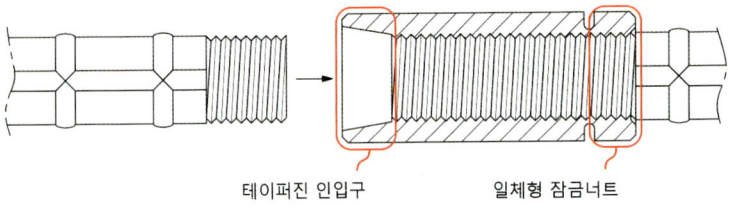

테이퍼진 인입구   일체형 잠금너트

철근 인입 가이드와 일체화된 잠금너트를 가진 나사 커플러

 필자의 의견

> 건설 현장에서는 항상 안전에 대해 많은 검토를 하는데 이에 적합한 특허로 보인다. 앞선 토크쉐어 커플러는 품질에 대한 획일화가 가능했다면 이 특허에서는 안전성을 확보한 것이다. 고중량의 긴 철근을 현장에서 조립할 때 초기 나사 체결이 힘든데 이 과정에서 작업자가 철근을 놓치면 대형 사고로 이어질 수 있다. 하지만 경사진 인입구가 있다면 철근의 거치 후 나사 체결이 가능하기 때문에 훨씬 안전하다. 또한 일체화된 잠금너트의 도입으로 단일 커플러로 진동 등에 대한 풀림을 방지할 수 있기 때문에 품질과 안전 측면에서 진보된 커플러라고 생각된다.

(15) 나사 커플러용 철근 지지구

특허출원번호: 10-2012-0037535

발명의 명칭: 철근 커플링용 철근 서포트 지그

핵심기술 요약: 이 특허는 나사 커플러를 더욱 안전하게 체결하는 목적을 가진 상부 철근 지지용 지그이다. 내부에 상하로 관통하는 커플러 수용부와 철근 지지부가 구비되며 지그는 하부 철근에 연결된 커플러의 상

부에 안착되어 상부 철근을 체결하는 동안 지지하는 역할을 하며 체결 후에는 커플러로부터 분리하여 사용한다. 본 지그는 상호 간에 분리가 가능한 두 개의 몸체로 구성된다. 또한 여러 사이즈의 철근 이음의 호환성을 위해 지그 내부에 단차를 둘 수 있으며 상부 철근의 유동을 최소화하기 위해 너트를 용접 결합하여 볼트로 철근을 조일 수 있다. 이와 유사한 나사 커플러용 철근 지지구는 이후 두 차례 특허출원되었는데 특허출원 번호 10-2012-0042122(철근 커플링용 철근 서포트 지그)와 10-2017-0101288(철근 연결용 커플러 가이드)이다. 이 특허와 원리는 같으나 두 개의 몸체가 분리되고 연결되는 방법이 조금씩 다르다.

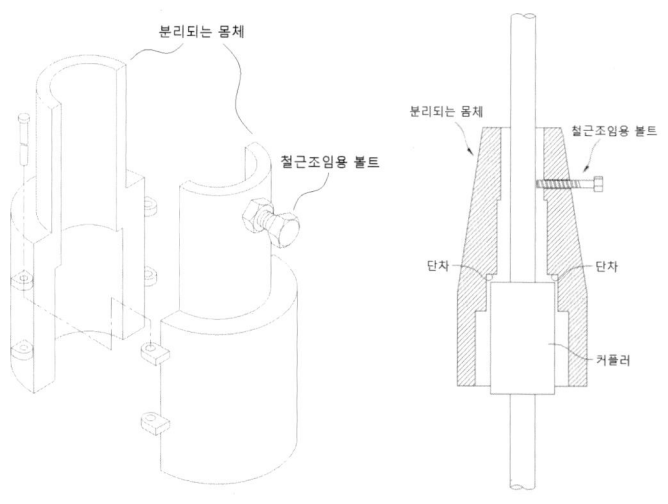

나사 커플러용 지지구 분해도(좌), 단면도(우)

💡 필자의 의견

　앞선 특허에서 경사진 인입구로 어느 정도의 철근 지지가 가능했다면 이 특허는 완벽한 철근 지지구이다. 이 특허의 장점으로는 현장에서 안전사고의 위험이 대폭 감소할 수 있다는 점이 있지만 단점으로는 지지구를 매번 설치 해체해야 하는 번거로움이 있을 것으로 보인다. 또한 내부를 다단으로 구성함으로써 여러 사이즈의 철근을 한 지지구로 사용할 수 있는 이점은 있지만 이로 인해 작은 사이즈의 철근 연결 시 지지구 입경이 상대적으로 크기 때문에 철근의 유동이 커지는 단점이 있다. 물론 이를 방지하기 위해 너트 용접 결합을 하였지만 이 또한 완전한 유동 방지는 힘들 것으로 보인다. 현장에서는 대구경의 철근을 나사 커플러를 사용하여 이음 시 긍정적으로 검토해 볼 수 있을 것이다.

(16) 마찰 용접 나사 커플러

특허출원번호: 10-2014-0075387

발명의 명칭: 철근연결구

　핵심기술 요약: 이 특허는 앞서 설명한 볼트접합 나사 커플러와 유사하다. 이 특허의 차이점은 철근 한쪽 단부에는 볼트를 접합하고 반대쪽에는 너트를 접합한다는 것이다. 또한 이를 응용하여 너트 접합부를 수정하여 폼세이버 커플러, 용접용 커플러, 정착용 커플러를 함께 도시하였다.

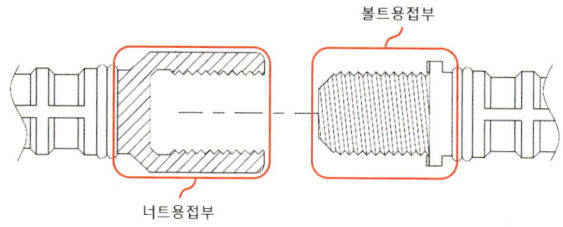

마찰 용접 나사 커플러

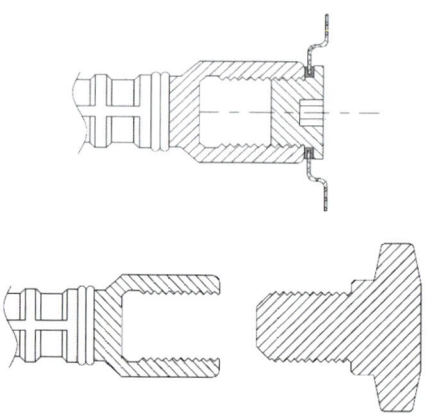

폼세이버 커플러 응용(상), 용접&정착용 커플러 응용(하)

필자의 의견

앞선 특허와 같이 철근에 볼트만 접합하여 나사 커플러를 사용할 수도 있으나 이 특허에서는 철근의 한쪽에는 볼트를 접합하고 반대쪽에는 너트(나사 커플러)를 접합하였다. 이로써 공정 간소화와 자재 절감이 가능하다. 이는 일본에서 마찰 용접을 하여 철근을 이음하는 일반적인 공법이다.

(17) 중앙 칸막이 부재가 구비된 나사 커플러

특허출원번호: 10-2015-0103141

발명의 명칭: 철근연결구 및 그 제조방법

핵심기술 요약: 이 특허는 나사 커플러 내부에 철근이 일정 깊이까지만 들어갈 수 있도록 원형 칸막이가 설치된 것이다. 또한 이 원형 칸막이의 설치 방법에 대해 기술하였다. 칸막이의 효과는 양측의 철근 단부가 정확히 중앙에 위치하게 되며 철근에 외력이 가해질 경우, 철근 연결구 상부 또는 하부에 변형이 발생하는 것을 방지하여 내구성을 향상하는 것이다. 또한 칸막이를 포함한 커플러를 제조하는 방법을 제공하고 있는데, 간단한 구성으로 제조가 용이함은 물론, 제조 원가를 절감할 수 있는 효과가 있다고 한다. 중앙 칸막이는 아래와 같은 순서로 설치되는데, 커플러 몸체 하부 수용 공간으로 제1 지그를 삽입하여, 수용 공간 중간 부분까지 위치시키는 1단계, 몸체의 상부 수용 공간으로, 중심에서 외주 방향으로 상부 또는 하부로 휘어진 형태를 갖는 중앙 칸막이 부재를 가압하여 삽입하는 2단계, 몸체의 상부 수용 공간으로 제2 지그를 삽입하여, 중앙 칸막이 부재를 수용 공간 중간 부분까지 위치시키는 3단계로 구성되어 있다.

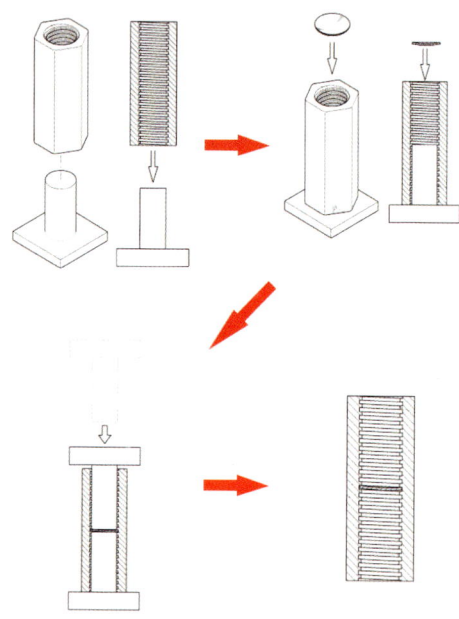

중앙 칸막이 부재의 설치 방법

🔧 필자의 의견

일반적인 나사 커플러에서 품질 문제는 양쪽 철근의 체결 길이가 불균형하여 발생한다. 그렇기 때문에 현장에서는 체결된 나사 커플러의 철근 삽입 깊이를 검사하여야 한다. 하지만 이런 중앙 칸막이 부재가 있음으로써 철근이 항상 중앙 칸막이에 닿을 때까지 삽입이 가능하기 때문에 검사 공정이 필요하지 않다. 또한 일반 나사 커플러는 철근 단부가 수평을 이루지 못하면 강도에 문제가 생길 수 있지만 중앙 칸막이 부재가 있음으로 인해 철근 단부의 수평도와 관계없이 강도가 보장된다.

(18) 철근 삽입 깊이의 검사가 가능한 나사 커플러

특허출원번호: 10-2017-0124121

발명의 명칭: 철근 삽입 깊이 검사 가능한 철근 커플러

핵심기술 요약: 상기 특허와 같이 이 특허의 목적도 철근의 완전 체결이 가능하도록 하는 것이다. 완전 체결이라 함은 양측의 철근이 중앙부에서 맞닿는 것인데 이 특허에는 맞닿은 후에 완전 체결이 되있는지 확인을 하는 확인구가 포함되어 있다. 하지만 육안검사가 가능하도록 커플러 몸체에 확인구를 뚫으려면 구멍의 지름이 6~7mm는 되어야 하는데 이는 커플러의 인장강도 저하를 유발한다. 이 특허에서는 확인구를 작게 뚫고 철근 삽입 위치를 파악할 수 있는 원통형의 검사 유닛과 이에 연결된 접촉부재를 확인구에 삽입한다. 철근이 양측에서 삽입되어 맞닿으면 중앙에 있는 접촉부재가 압축된다. 이때, 검사 유닛을 잡아당기어 접촉부재의 유동이 가능한지 확인하는 검사 방법이다.

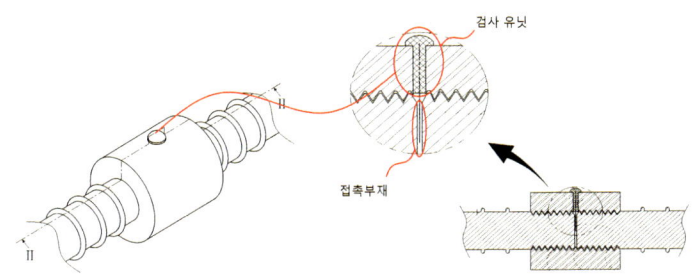

철근 삽입 깊이 검사 가능한 나사 커플러 사시도 및 단면도

> **필자의 의견**
>
> 검사 유닛과 접촉부재를 사용하여 철근과 철근이 맞닿는 것은 확인이 가능할 것으로 보이나 중앙에서 맞닿는지 확인이 추가로 필요할 것 같다. 중앙에서 맞닿게 하려면 접촉부재가 일정 두께 이상으로 형성되어 일측 철근이 접촉부재에 닿으면 더 이상 진입을 못 하도록 하는 방법과 커플러 내측 나사산을 관통형이 아닌 양쪽에서 각각 중앙까지 가공을 한다면 철근이 중앙 이상 진입하지 못하게 된다. 이 문제가 해결된다면 현장에서는 손쉽게 철근 체결 여부를 확인할 수 있을 것이다.

이렇게 나사 커플러의 특허를 연도별로 분석해 보았다. 특허 중 대부분이 나사 커플러에 특별한 구조를 도입한 것이 아닌 철근의 나사 가공 방법, 나사 커플러의 제조 방법, 혹은 나사 커플러의 기능을 몇 가지 더 한 것이었다. 이번 장을 봄으로써 철근 커플러 중 나사 커플러의 장단점과 이를 선정할 때 주안점을 어디에 두어야 하는지 등에 대한 안목이 조금 더 넓어졌으리라 믿는다.

2) 원터치 커플러

원터치 커플러는 현장 체결식 커플러 중 공구 사용이 불필요하며 단순 삽입만으로 시공이 가능한 것 또는 철근 삽입 후 추가 공정이 있지만 선택적으로 적용해도 되는 것으로 분류하였다. 현장 체결식 커플러 중 출원된 특허의 수가 가장 많으며 그중 대부분이 2016년 이후에 분포되어 있다.

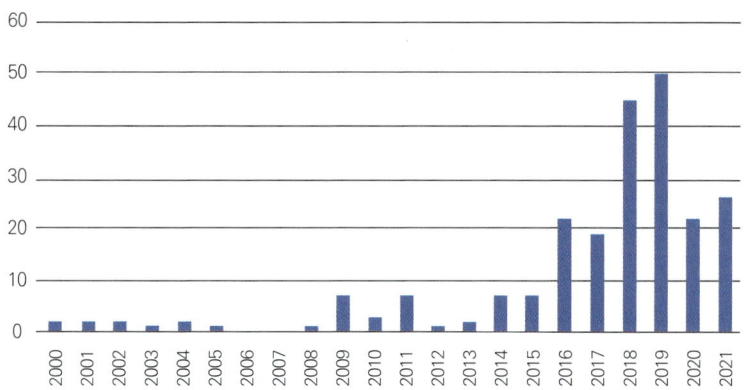

연도별 원터치 커플러 출원 수

이 시기에 국내에 원터치 커플러의 판매가 시작되었으며 대중에게 알려지기 시작해서 특허의 출원 수가 급등한 것으로 판단한다. 그렇다면 원터치 커플러는 어떤 방식으로 편리한 시공을 가능하게 했는지 특허 분석을 통해 알아보자.

(1) 철근 주입 방향이 자유로운 원터치 커플러

특허출원번호: 10-2001-0012425

발명의 명칭: 원터치형 철근 연결 장치

핵심기술 요약: 이 특허는 커플러 몸체, 다조각의 편체, 그리고 편체를 지지하는 스프링으로 구성되어 있다. 이 특허의 특징은 편체의 외부가 소정의 곡률을 이루는 반구 형상이며 이와 대응되는 몸체의 편체와 접하는 면 또한 반구 형상이기 때문에 철근이 진입하는 방향이 자유롭다는 것이다.

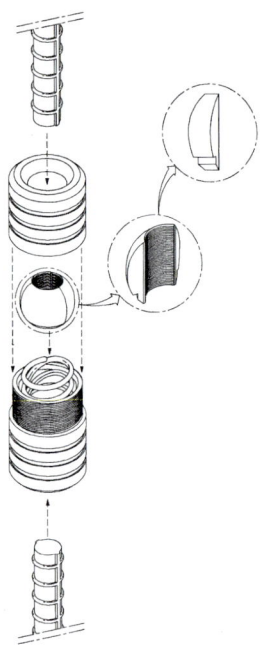

철근 주입 방향이 자유로운 원터치 커플러 분해도

 필자의 의견

> 현존하는 원터치 커플러는 편리성을 이미 많이 갖추었기 때문에 철근 주입 방향이 자유로워지는 것은 시공성에 큰 도움이 되지 않는다. 그렇기 때문에 이 특허는 축방향의 철근을 연결하는 일반적인 용도의 커플러로 보이지는 않으며 축방향으로부터 소정의 각도로 철근이 기울어져야 할 때 혹은 프리캐스트 부재에서의 철근 연결 시 용이할 것으로 보인다.

(2) 철근 마디 형상 호환 원터치 커플러

특허출원번호: 10-2001-0056475

발명의 명칭: 쐐기형 원터치 철근 연결 장치

핵심기술 요약: 이 특허의 커플러 한쪽의 구성은 내부가 철근의 마디에 호환되는 형상을 가지며 외부는 다각형의 경사진 면을 가지는 두 조각의 편체와 편체 외부 형상과 호환되어 편체가 쐐기 이동을 할 수 있게 하는 캡, 그리고 편체 하부에서 편체를 밀어 주는 스프링으로 되어 있다. 반대쪽에도 대칭으로 구성되며 중앙에 양측의 캡과 연결되는 몸체가 있다. 기타 세부적인 특징으로 편체의 내측에 철근 파지력을 강화하기 위한 잔나사가 형성되어 있으며 편체와 스프링의 결합을 위해 편체 하부에 스프링의 인입부가 형성되어 있다.

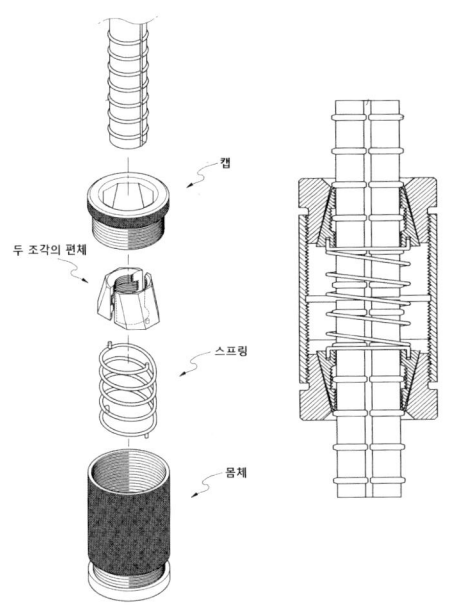

철근 마디 형상 호환 원터치 커플러 분해도(좌), 체결 단면도(우)

📢 필자의 의견

    일반적인 원터치 커플러는 편체가 3조각 이상으로 구성되어 철근의 마디와 리브를 파지한 후 쐐기 원리가 작동하는 것이다. 하지만 이 특허는 마디편체 현장 체결식 커플러와 원터치 커플러의 기능을 혼합한 것이 특징인데 철근 마디에 호환되는 두 조각의 편체를 사용하여 리브를 중심으로 양쪽으로 편체가 철근 몸통부에 안착된다. 국내의 대나무 형상 철근에만 호환이 되며 해외의 피시본 형상 철근, 다이아몬드 형상 철근 등과 같이 마디가 기울어진 철근에는 사용이 불가능하다. 또한 철근의 리브를 중심으로 커플러의 편체가 위치해야 하기 때문에 철근의 원터치 삽입 시 방향을 숙지하여 삽입해야 할 것이다. 그리고 철근이 커플러의 중앙부 이상 삽입됨을 방지하기 위해 커플러 몸체의 중앙에는 칸막이 역할을 하는 분리부가 있어야 할 것이다.

(3) 다단 편체 원터치 커플러

특허출원번호: 10-2009-0047868

발명의 명칭: 봉 연결장치

핵심기술 요약: 한 단으로 형성된 편체를 가지는 시중의 원터치 커플러와 달리 이 특허는 편체를 2단 또는 다단으로 제작한 것이 특징이다. 편체를 다단으로 형성하면서 편체와 커플러 몸체가 만나는 부위의 경사를 기울여 편체 길이와 접촉부를 짧게 하였다. 그렇게 함으로써 전체적인 길이가 줄어들어 제조 원가를 낮추고자 하였다. 또한 코일 압축 스프링 대신 웨이브 스프링을 사용하였는데 이는 짧은 길이로 철근 삽입 방향을 향해 편체를 밀어 주는 역할을 한다. 편체 내측에는 철근을 파지하

는 치형이 형성됨과 동시에 C-형상의 확장 스프링을 배치하여 철근 삽입의 용이성을 더하였다.

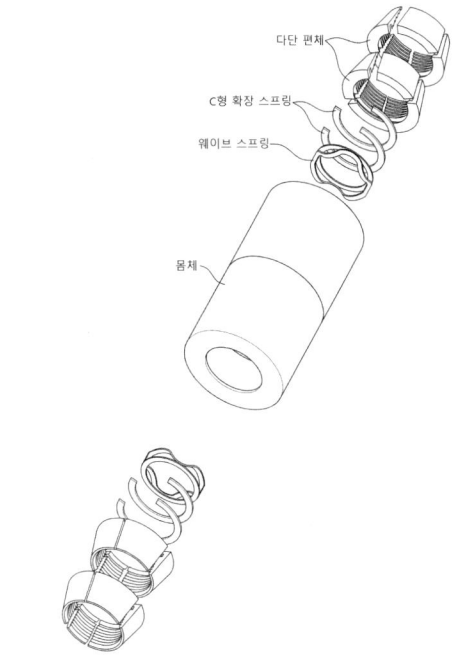

다단 편체 원터치 커플러 분해도

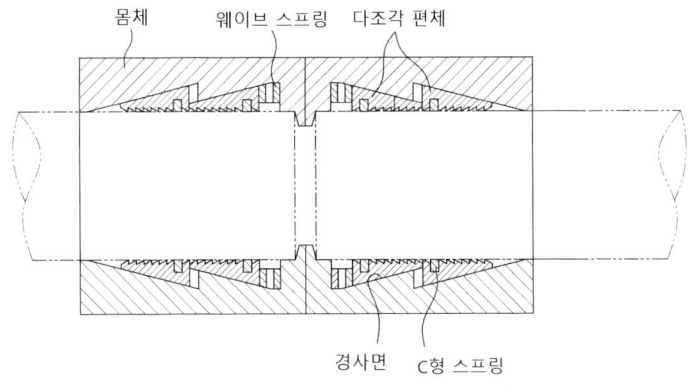

다단 편체 원터치 커플러 단면도

> **필자의 의견**
>
> 이처럼 편체가 다단으로 배치된 이음에서는 철근 인장 시 전반적인 응력이 분산되어서 같은 단면적 대비 효율적인 힘을 발휘할 것으로 보인다. 하지만 본 특허의 목적인 원가 절감의 효과는 없을 것이다. 오히려 부재의 개수가 늘어나기 때문이다. 이 특허를 통해 보여주고 싶은 점은 시중의 원터치 커플러처럼 나선형 압축 스프링의 사용 없이도 원터치 삽입이 가능한 커플러가 있을 수 있다는 것이다.

(4) 스프링형 원터치 커플러

특허출원번호: 10-2010-0109388

발명의 명칭: 철근 커플러

핵심기술 요약: 이 특허는 경사면을 갖는 암나사산이 형성된 몸체와 이 나사에 호환되는 비틀림에 의한 직경 변화가 가능한 스프링으로 구성되어 있다. 철근 삽입 전에는 스프링이 확장되어 외경이 커져 있으며 철근 삽입 시 스프링이 탄성에 의해 복귀되어 철근을 파지하게 되어 있다. 철근의 인장 시 다른 원터치 커플러와 마찬가지로 스프링이 경사면을 따라 축소되면서 쐐기 원리로 철근을 옥죈다. 철근의 파지를 쉽게 하기 위해서 스프링과 철근이 맞닿는 부는 단면이 삼각 형상으로 형성되는 것이 좋다고 기술되어 있다.

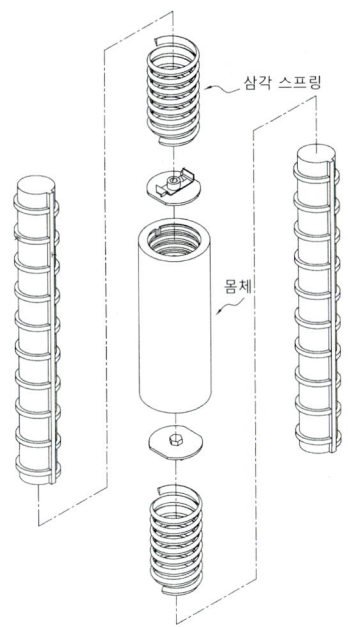

스프링형 원터치 커플러 분해도

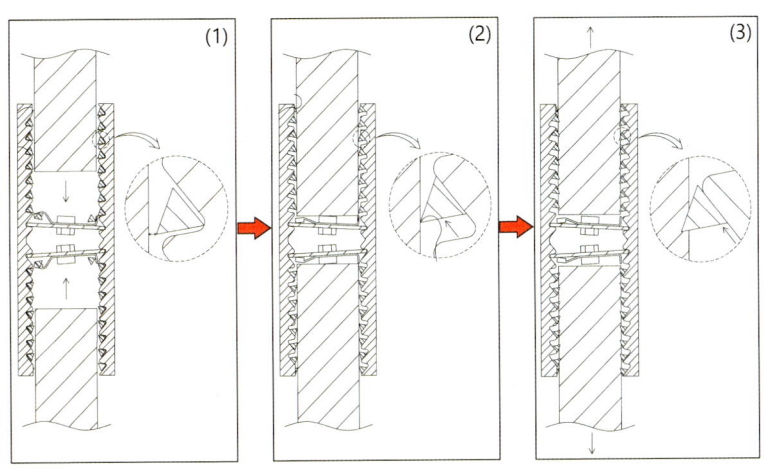

스프링형 원터치 커플러 작동 원리

V. 특허로 보는 철근 커플러 • 137

위 사진은 스프링형 원터치 커플러의 작동 원리인데, 첫 번째로 철근 삽입 전에는 스프링이 철근 외경보다 확장되어 있어서 원터치 삽입이 가능하다. 두 번째는 철근이 걸림 턱까지 삽입되면 확장된 스프링이 철근을 옥죄게 된다. 세 번째로 철근이 인장력을 받을 때 스프링이 철근을 파고들어 가면서 철근을 지지한다.

 필자의 의견

> 대부분의 원터치 커플러는 다조각의 편체를 사용하여 쐐기 원리를 이용하지만 이 특허는 스프링 도입으로 완전히 다른 방식의 원터치 커플러라고 할 수 있다. 현존하는 원터치 커플러와 비교하였을 때 생산 비용의 절감이 가능할 것으로 보이며 커플러의 외경이 작아 피복 두께와 배근 간격 산정 시 유리할 것이다.

(5) 볼 타입 원터치 커플러

특허출원번호: 10-2011-0020432

발명의 명칭: 원터치식 철근 커플러

핵심기술 요약: 이 특허는 시중의 원터치 커플러에서 다조각의 편체를 구(球) 형상의 볼들로 대체하였다. 이 특허를 제품화한 주요 구성품은 입구로 갈수록 내경이 축소되도록 경사진 몸체, 크기가 다양한 볼 그룹, 볼 그룹이 수용되는 볼 하우징, 볼 그룹을 입구 방향으로 밀어 주는 스프링, 중앙 칸막이다. 세부적인 특징으로는 커플러 몸체의 입구에는 볼 그룹이 이탈되지 않도록 내측으로 일정 거리만큼 턱이 튀어나오며 볼 그룹은 경사진 몸체를 따라 내경이 같도록 일정 단위로 직경이 커진다. 또한 볼 그룹을 밀어 주는 스프링은 각 볼 그룹의 숫자와 일치하여 각각 지지해야 한다.

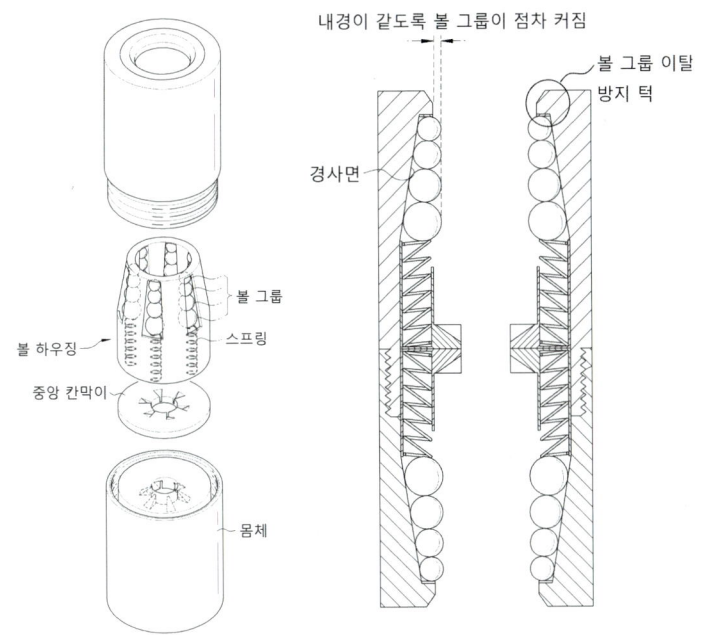

볼 타입 원터치 커플러 분해도(좌), 단면도(우)

🔑 필자의 의견

이 특허는 쐐기 원리는 일반 원터치 커플러와 동일하되 다조각의 편체를 볼 그룹과 하우징으로 대체하였다. 볼 부재들의 단가가 비교적 저렴한 것을 장점으로 내세우고 있으나 볼 그룹이 이탈되지 않도록 볼 하우징과 몸체의 단부 턱이 형성되어야 하는 점, 볼 그룹별로 각각 스프링이 추가되는 점 때문에 기존 원터치 대비 원가 절감이 어려울 것이다. 반면 철근 커플러의 일반적인 시험에 통과한다고 한다면 철근 체결 시 체결성은 비교적 좋을 것으로 예상되며 체결 불량 또한 발생이 드물 것이다.

(6) 볼트 체결을 통한 프리스트레스트 원터치 커플러

특허출원번호: 10-2011-0102802

발명의 명칭: 철근 연결 장치

핵심기술 요약: 이 특허는 일반적인 원터치 커플러의 구조에서 편체의 형상과 커플러 몸체의 중앙에 로킹 수단(볼트)가 추가된 것이다. 일반적인 편체는 여러 조각으로 구성되며 편체 내측에는 철근을 파지하는 치형이 있지만 이 특허의 편체는 단일 조각으로 외측은 원뿔대 형상이며 상하로 반대 방향으로 절개된 절개 홈이 지그재그로 위치하도록 방사형으로 형성되어 있다. 그리고 몸통 중앙의 볼트와 너트로 이루어진 로킹 수단은 철근의 삽입 후 조여 주면 철근을 서로 반대 방향으로 밀어 주어 편체와 더욱 밀착시키는 역할을 한다.

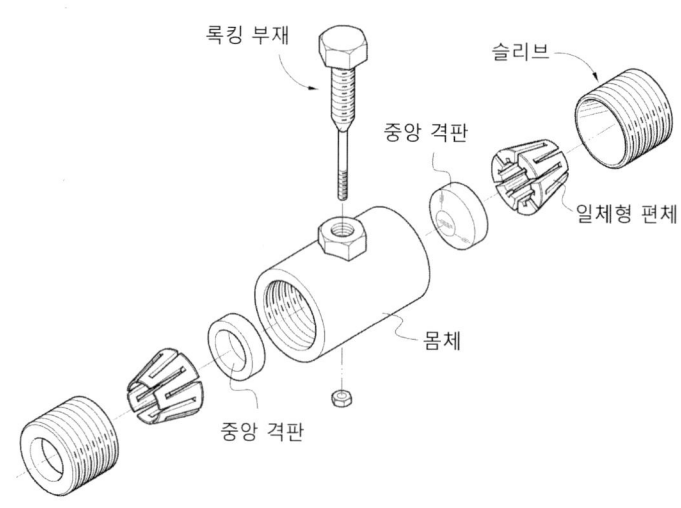

볼트 체결을 통한 프리스트레스트 원터치 커플러 분해도

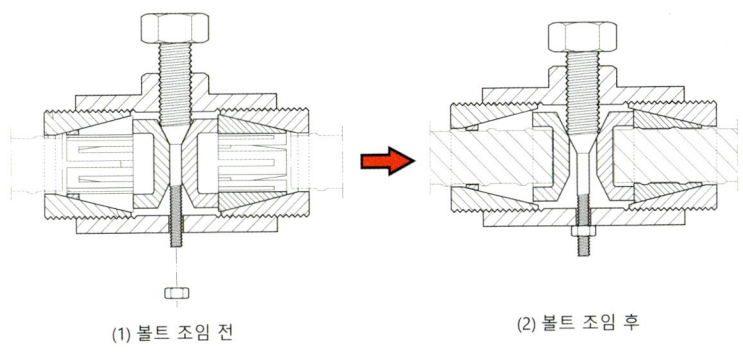

(1) 볼트 조임 전   (2) 볼트 조임 후

볼트 체결을 통한 프리스트레스트 원터치 커플러 로킹 과정

필자의 의견

이 특허의 핵심은 편체를 일체화하는 것보다는 로킹 부재를 통해 철근에 미리 인장력을 가한 것이다. 이를 통해 해결하려는 것은 추측건대 슬립(잔류변형량)의 최소화일 것이다. 원터치 커플러의 구조상 편체의 쐐기 작용으로 철근에 일정량 이상의 슬립은 반드시 발생한다. 하지만 이처럼 철근의 인장 전에 볼트 조임을 통해 철근에 프리스트레스를 가한다면 미리 쐐기 작용을 하는 역할을 하기 때문에 슬립을 더 줄일 수는 있을 것이다. 하지만 국내 슬립 규정(0.3mm 이내)을 만족하기는 힘들 것으로 보인다.

(7) 다단 경사부 원터치 커플러

특허출원번호: 10-2014-0084811

발명의 명칭: 고강도 원터치 철근 커플러

핵심기술 요약: 일반적인 원터치 커플러와 동일하게 쐐기 원리를 이용하지만 쐐기 면을 단일 면이 아닌 다단으로 형성했다. 앞서 소개한 다단

편체 원터치 커플러와 다른 점은 이 특허에서는 편체가 단이 형성된 방향으로 나뉜 것이 아니라 일체형으로 이루어졌다는 것이다. 이는 편체의 제작 원가 절감에 도움이 된다. 더불어 일체가 된 편체는 철근에 인장력이 발생할 때 더욱 효율적으로 힘을 전달한다.

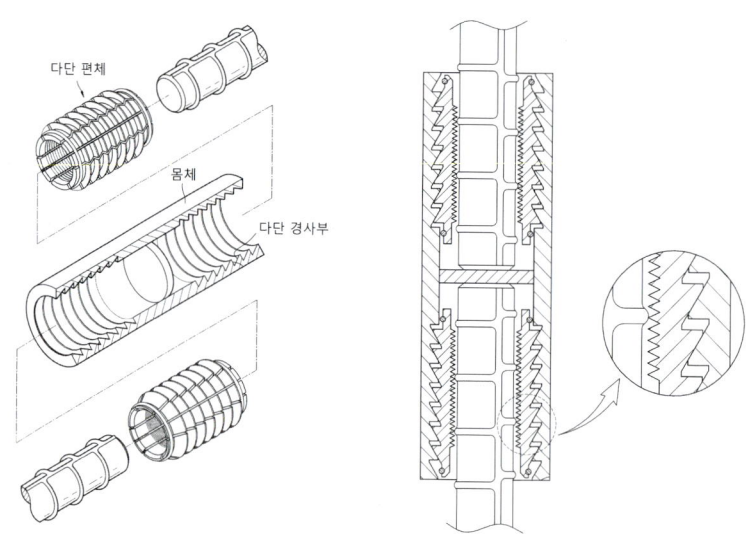

다단 경사부 원터치 커플러 분해도(좌), 단면도(우)

 필자의 의견

이 특허는 필자가 출원한 특허로 철근 파지를 더 효율적으로 하기 위해서 편체의 길이를 증가시킨 것이다. 일반적인 원터치 커플러에서 편체의 길이를 증가시키려면 커플러 몸체의 두께가 두꺼워지거나 길이가 매우 길어져 경제성이 떨어진다. 하지만 다단의 경사부를 도입하면서 커플러 몸체의 두께 증가 없이 편체가 철근을 파지하는 면적을 넓힐 수 있다. 또한 편체 내측부에 나사산이 있는데 이는 철근의 원터치 삽입 후 철근을 회전시키면 철근을 더 옥죄는 역할을 하게 되어 철근과 커플러의 일체화에 도움이 된다.

(8) 편체 이탈 방지와 철근 체결 확인이 가능한 원터치 커플러

특허출원번호: 10-2016-0144572

발명의 명칭: 원터치식 철근 커플러

핵심기술 요약: 이 특허는 다조각의 편체를 가진 원터치 커플러로 일반적인 원터치 커플러와 구조는 동일하다. 하지만 다조각의 편체 사이에 편체 치형에 호환되는 간격 유지구를 두어 철근 삽입 시 편체의 이탈을 방지하였다. 그리고 커플러 몸체 외부에 구멍을 뚫어 내부가 보이도록 하였는데 이 확인구를 통해 철근의 체결을 확인할 수 있다.

편체 이탈 방지와 철근 체결 확인이 가능한 원터치 커플러 분해도

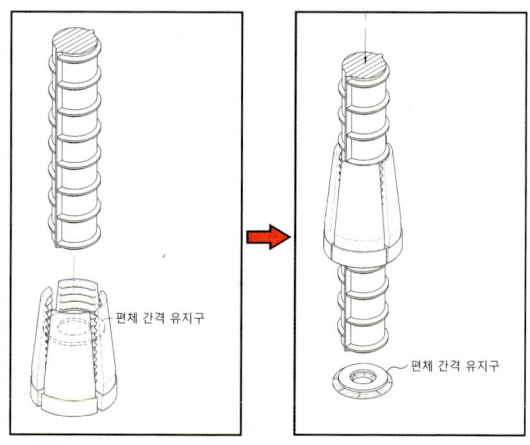

편체 간격 유지구 작동 과정

 필자의 의견

이 특허는 새로운 방식의 원터치 커플러가 아닌 기존 원터치 커플러에 시공성을 개선하고 기능을 추가한 것이다. 원터치 커플러에 사용되는 철근은 철근 단부가 톱 절단과 같이 직각절단될 수 없어 휨과 거스러미가 발생한다. 이는 원터치 커플러 체결 시 시공 불량을 발생시키는 원인으로 이 부위가 여러 조각의 편체 중 한 조각에 맞물려서 편체를 이탈시키면 제대로 된 체결이 이루어지지 않는다. 이를 방지하기 위해 여러 조각의 편체를 일체거동할 수 있게 하는 방법 중 하나가 이 특허에서의 편체 간격 유지구이다. 또한 철근 체결 후 불량 발생 여부 및 완전한 체결이 이루어졌는지 확인이 필요한데 이를 가능케 하는 것이 커플러 몸체의 체결 확인구이다. 원터치 커플러에서 꼭 필요한 기능이지만 대부분의 원터치 커플러는 체결 확인구가 없는데 이는 체결 확인구로 인해 해당 부위의 단면이 결손 되어 인장강도의 저하로 이어지기 때문이다. 충분한 인장강도가 발현된다면 체결 확인구가 있는 원터치 커플러를 사용하는 것이 바람직할 것이다.

(9) 일체화된 몸체를 갖는 원터치 커플러

특허출원번호: 10-2018-0009460

발명의 명칭: 철근연결용 커플링

　핵심기술 요약: 이 특허 또한 일반적인 여러 조각의 편체, 경사진 몸체, 스프링으로 구성된 쐐기 원리를 이용하는 원터치 커플러와 같다. 하지만 일반적인 원터치 커플러와 차이점이 두 가지 있다. 커플러 몸체가 일체형으로 이루어져 있다는 것과 중앙 격판의 역할을 절곡 형상의 볼트가 한다는 것이다. 일체형의 몸체를 가진 원터치 커플러는 내부에 부품을 넣기 위해 몸체 상하부 축관을 하기 전 부품을 투입하는 단계가 있어야 하며 철근이 일정 깊이 이상 들어가지 않도록 하는 중앙판 역할을 하는 부재가 따로 있어야 한다. 여기서는 절곡 형상의 볼트를 이용하였는데 이는 중앙 격판 역할과 철근 삽입 후 절곡부를 돌려 주면 양측 철근이 각각 축방향으로 밀려서 철근의 유격을 방지하게 된다.

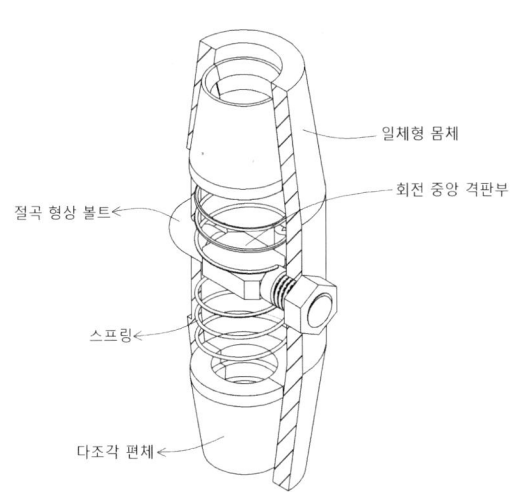

일체화된 몸체를 갖는 원터치 커플러 단면도

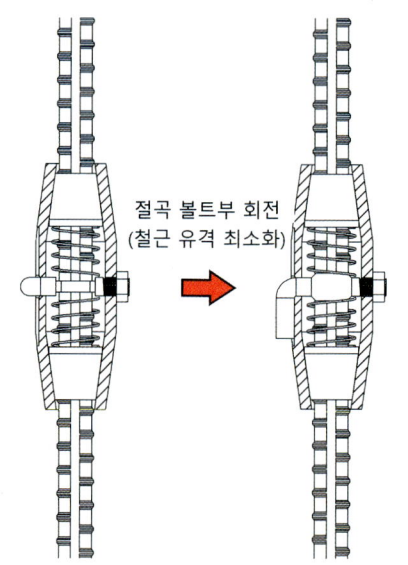

일체화된 몸체를 갖는 원터치 커플러의 절곡 볼트부 회전

 필자의 의견

> 일반적인 원터치 커플러는 여러 조각의 편체, 스프링 등의 내부 부품을 투입하기 위해서 몸체가 둘 이상으로 나뉜다. 몸체를 연결하기 위해 나사 가공이 필요하며 추가 부품이 필요할 수 있는데 이는 가격 상승의 원인이 된다. 이 특허에서는 몸체를 단일화하여 몸체 나사 가공과 추가 부재가 필요치 않아서 단가 절감을 할 수 있다. 또한 절곡 볼트의 도입으로 중앙 격판 역할과 철근 유격을 최소화할 수 있다는 장점이 있다. 하지만 필자 의견으로는 절곡 볼트부를 삽입하기 위해 몸체에 구멍을 뚫어야 하는데 이 구멍의 크기가 상대적으로 너무 커서 필요한 인장강도를 충족하기 힘들 것으로 보인다.

(10) 부품 투입구를 갖는 원터치 커플러

특허출원번호: 10-2018-0066102

발명의 명칭: 원터치 철근 커플러

핵심기술 요약: 이 특허 또한 단일 몸체의 원터치 커플러로 몸체의 별도 가공이 필요 없다. 직전의 특허인 일체화된 몸체를 갖는 원터치 커플러가 부품 투입을 위해 파이프 형상의 몸체를 축관하여 몸체의 경사면을 형성하는 반면 이 특허는 이미 경사면을 갖는 몸체에 부품 투입구를 뚫는 방식을 택하였다. 또한 여러 조각의 편체의 이탈 방지를 위해 C-형상의 확장링을 사용하였다.

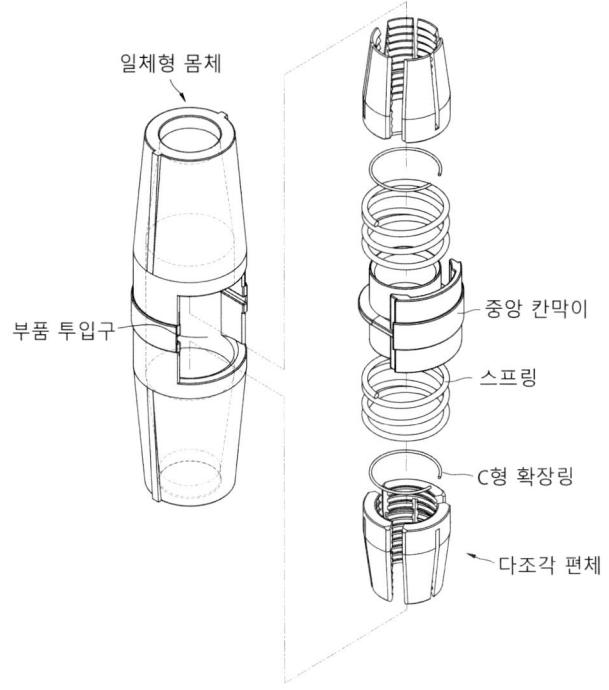

부품 투입구를 갖는 원터치 커플러 분해도

🖋 필자의 의견

> 이 특허는 필자가 출원한 특허로 원터치 커플러의 단가 절감을 위한 것이다. 이 특허를 바탕으로 제품화한 원터치 철근 커플러를 판매하였다. 제품명은 ROC-A2로 현재는 단종되었지만 2019년 출시 당시 저렴한 가격으로 원터치 커플러를 대중화하는 데 큰 공헌을 한 제품이다. 부품 투입구의 도입으로 가공 공정이 필요치 않아 대량생산과 원가 절감을 하였다. 일체형 몸체는 파이프를 축관한 것이 아니라 주물 생산하였으며 주물 생산의 장점은 응력이 많이 발생하는 구간의 두께를 키울 수 있어서 효율적인 설계가 가능하였다. 반면 주물은 잘 깨지는 성질인 취성이 높아서 강도 안정성을 위해 두께를 키우느라 비교적 외경이 커지는 단점이 있다.

(11) 중앙 걸림 턱이 있는 스프링을 사용한 원터치 커플러

특허출원번호: 10-2018-0073246

발명의 명칭: 콘넥트 철근 커플러

핵심기술 요약: 일반적인 원터치 커플러에서 스프링의 형상을 변경하여 중앙 격판의 역할까지 할 수 있게 하였다. 이로 인해 다른 추가적인 구성이 구비될 필요가 없어서 원가 절감이 가능하다.

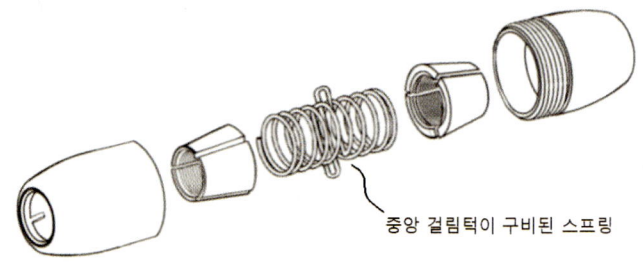

중앙 걸림 턱이 있는 스프링을 사용한 원터치 커플러 분해도

> **필자의 의견**
>
> 스프링은 다양한 형상으로 제작할 수 있는데 이 특허의 스프링이 일례이다. 다양한 형상의 스프링 제작은 보기에는 어려워도 한 번의 기계 세팅으로 대량생산이 가능하기 때문에 기타 부품을 사용하는 것보다 경제적이다. 일반적인 코일 압축 스프링은 중앙부가 뚫려 있기 때문에 철근이 스프링을 관통하여 지나간다. 하지만 이 특허의 스프링은 코일 중앙부에서 스프링 선이 교차하게끔 되어 있기 때문에 철근의 진입을 제한할 수 있다. 하지만 스프링이 탄성부재이기 때문에 중앙부의 위치는 스프링의 압축으로 인해 달라질 수 있다. 이를 방지하기 위해서는 커플러 몸체에 중앙 걸림 턱이 걸릴 수 있는 홈이 있어 스프링이 고정되어야 한다.

(12) 편체 가압식 원터치 커플러

특허출원번호: 10-2018-0091384

발명의 명칭: 재가압식 철근이음용 원터치 커플러 유닛 및 이를 이용한 양방향 커플러

핵심기술 내용: 일반적인 원터치 커플러 구조인 여러 조각의 편체, 몸체, 스프링의 구성에서 몸체의 경사부를 가압용 슬리브로 대체하였다. 가압용 슬리브는 몸체와 나사 결합 되며 편체와 맞닿는 경사부가 형성된다. 철근 삽입만으로도 체결이 되지만 철근 삽입 후 슬리브를 회전하면 편체가 철근 방향으로 압박되면서 유격이 줄어들어 더 단단한 고정이 가능하다.

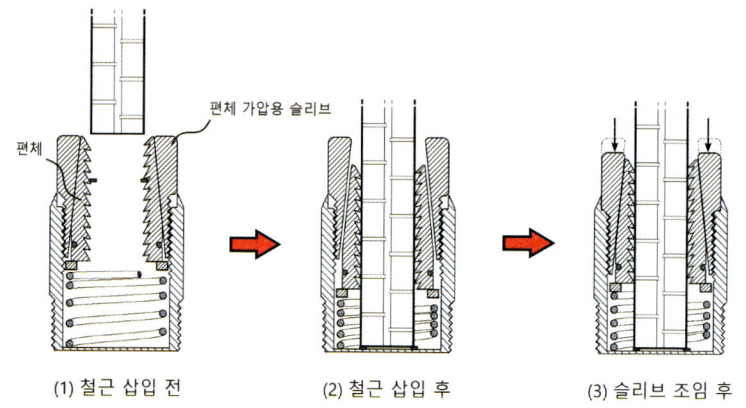

(1) 철근 삽입 전　　(2) 철근 삽입 후　　(3) 슬리브 조임 후

편체 가압식 원터치 커플러의 편체 가압 과정

 필자의 의견

> 가압용 슬리브의 도입은 단순히 철근과 편체의 유격을 줄이는 것이 아닌 잔류변형량 기준을 만족하기 위함으로 보인다. 하지만 슬리브 가압으로 잔류변형량 기준을 만족하기에는 역부족일 것이다.

(13) 단조와 슬리브의 혼합 방식 몸체를 갖는 원터치 커플러

특허출원번호: 10-2018-0110074

발명의 명칭: 철근 결합 구조를 개선한 원터치형 철근 커플러

핵심기술 내용: 원터치 커플러의 가공 방식 중에는 두 개의 파이프의 단부를 단조 축관하여 중앙부에서 나사 연결하는 방식과 원뿔대 형상의 경사진 내면을 갖는 슬리브를 파이프의 양 단부에 나사 연결하는 방식이 있다.

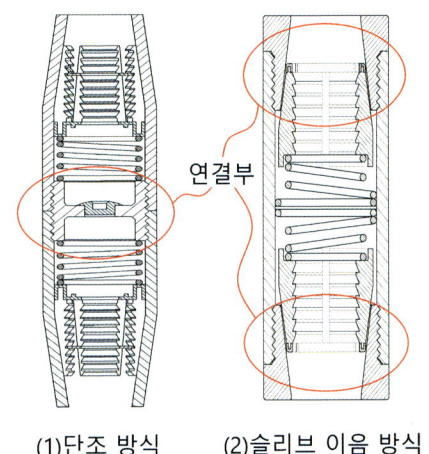

(1) 단조 방식   (2) 슬리브 이음 방식

원터치 가공형의 두 가지 사례
(1) 단조 축관 방식(좌, 특허출원번호: 10-2016-0144572)
(2) 슬리브 이음 방식(우, 특허출원번호: 10-2019-0120286)

이 특허는 이 두 가지 방식을 혼합한 것으로 한쪽은 단조 축관을 하고 반대쪽은 슬리브 이음 방식을 택하였다. 중앙부에는 중앙 격판이 존재하며 커플러 몸체에 중앙 격판이 지지할 수 있게 단턱이 형성되어 있는 것이 특징이다.

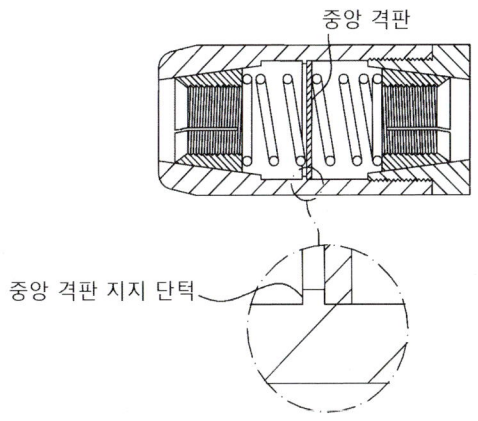

단조와 슬리브의 혼합 방식 몸체를 갖는 원터치 커플러 단면도

V. 특허로 보는 철근 커플러 • 151

> **필자의 의견**
>
> 단조 방식은 비교적 간단한 축관 공정으로 몸체 내부 경사면을 형성하지만 중앙부에 두 개의 몸체를 이음할 슬리브가 추가로 필요하다는 것이 단점이다. 슬리브 이음 방식은 비교적 커플러 길이가 짧아 원가 절감이 가능하지만 몸체 양단부 나사 가공과 2개의 슬리브가 필요하다는 단점이 있다. 이 특허는 두 가지의 장점을 차용해 단일 몸체로 한쪽은 축관 공정으로 간단하게 구성하며 반대쪽은 슬리브 체결로 공정을 간소화하였다. 비교적 원가 절감이 가능한 구조로 보이지만 한 가지 단점은 중앙 격판 지지 단턱을 형성함으로써 철근의 삽입 순서가 정해진다는 것이다. 위 단면도의 형상대로 제품이 구성된다면 슬리브 방식 부위 먼저 철근 체결을 한 후 축관 방식 부위에 체결해야 한다. 만약 반대 순서로 축관 방식 부위에 먼저 철근을 체결한다면 중앙 격판이 무너져 반대쪽 철근 체결을 할 수 없을 것이다.

(14) 보강 부재를 가진 일체형 몸체 원터치 커플러

특허출원번호: 10-2021-0176082

발명의 명칭: 보강링을 가진 일체형 원터치 철근 커플러

핵심기술 요약: 이 특허 또한 일반 원터치 커플러와 작동 원리는 동일하다. 하지만 커플러 몸체가 단일화되며 철근 인장 시 몸체의 응력 집중 부위를 원뿔대 파이프 형상의 캡으로 보강하였다. 또한 철근 인입구를 깔때기 형상으로 만들어서 철근의 인입을 쉽도록 하였다. 몸체 중앙에는 세 개의 구멍이 뚫려 있는데 가운데 구멍으로 핀을 삽입하여 중앙 격판 역할을 하며 나머지 두 개의 구멍은 철근 체결 후 확인할 수 있는 확인구이다.

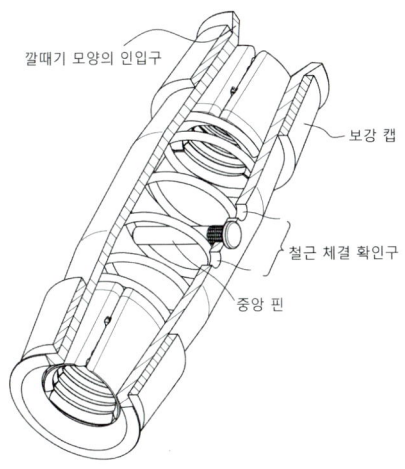

보강 부재를 가진 일체형 몸체 원터치 커플러의 구성

 필자의 의견

> 이 특허는 필자가 출원하고 등록받은 것으로 이를 제품화하여 2022년 출시하고 판매 중인 원터치 커플러이다. 원터치 커플러의 기능 개선과 가격 절감을 동시에 하기 위한 구상으로 일반적인 원터치 커플러의 몸체 이음부를 제거하였다. 또한 편체가 철근과 맞닿는 면을 캡을 이용해 보강하여 보다 효율적으로 인장강도에 버티도록 설계하였다. 기능의 개선 면에서는 철근의 삽입을 용이하게 하고 철근의 체결 확인이 가능하게끔 만들어 현장에서 불편함 없이 시공을 할 수 있게끔 하였다.

이렇게 2000년부터 2021년까지 출원된 원터치 커플러의 특허 중 개성 있는 것들을 추려 보았다. 2016년 이후 원터치 커플러의 출원 수가 급

증하였지만 대부분의 특허에서 유의미한 기술적 진보는 보이지 않았으며 단순한 구조의 변경들이 주를 이루었다. 지금까지 분석한 원터치 커플러 특허를 요약하자면 대부분은 2024년 시중에 판매되고 있는 원터치 커플러의 다조각 편체 쐐기 원리를 이용한 특허이며 그중 특이한 원터치 커플러 구조는 다단 편체를 이용한 것과 스프링을 이용한 것이 있었다.

3) 반터치 커플러

반터치 커플러는 절반과 원터치 커플러의 합성어로 원터치 커플러처럼 단순한 철근의 삽입만으로 체결이 되는 것은 아니나 철근의 삽입 후 간단한 추가 공정을 필요로 하는 것으로 분류하였다. 원터치 커플러가 출시되기 전 현장 체결식 커플러의 대부분이 이 반터치 커플러였는데 건설현장에서는 대체로 '이지 커플러'라고 불리었다. 국내에서 출원된 반터치 커플러 특허는 2004년부터 2020년까지 총 17건이며 연도별 출원된 현황은 다음과 같다.

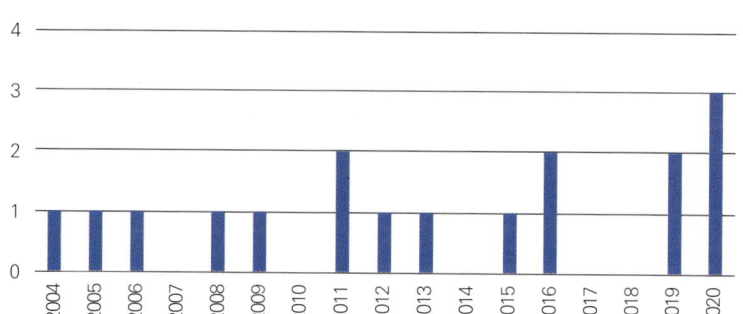

연도별 반터치 커플러 출원 수

특허의 출원 수가 많지 않은 만큼 간단하게 대표적인 예시들만 살펴보고 다음 현장 체결식 커플러로 넘어가 보겠다.

(1) 다조각의 편체를 갖는 몸통 조임형 반터치 커플러

특허출원번호: 10-2005-0005962

발명의 명칭: 철근이음장치

핵심기술 요약: 이 특허는 원터치 커플러와 마찬가지로 여러 조각의 편체가 몸체의 경사면을 따라 이동하면서 쐐기 원리로 철근을 압박하는 구조이다. 하지만 원터치 커플러와 달리 스프링과 같은 탄성체를 사용하지 않고 철근의 삽입 후 몸체와 연결된 슬리브를 조임으로 인해 편체가 철근에 밀착된다. 철근이 커플러의 중앙부까지만 삽입이 되도록 하는 볼트가 슬리브 가운데에 위치하고 있는 것이 또 다른 특징이다.

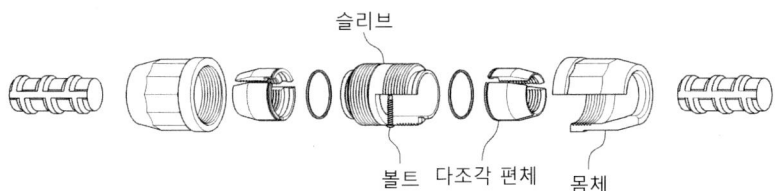

다조각의 편체를 갖는 몸통 조임형 반터치 커플러 구성도

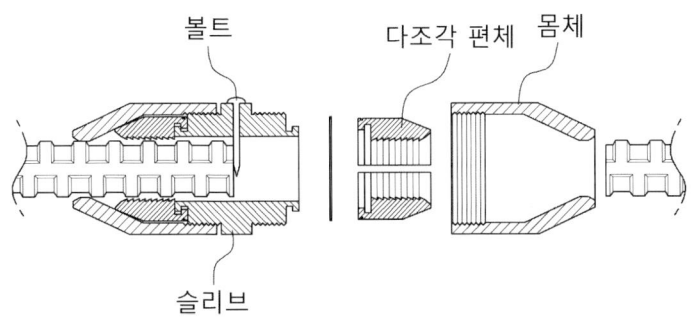

다조각의 편체를 갖는 몸통 조임형 반터치 커플러 단면도

🖋 필자의 의견

이 특허는 중앙부의 볼트로 철근의 위치를 고정하는 것을 제외하고는 가장 일반적인 반터치 커플러의 구조이다. 스프링을 사용하지 않기 때문에 원터치 커플러보다 상대적으로 길이가 짧으며 재료비가 적다는 장점이 있다. 또한 커플러 몸체를 돌려 편체를 철근에 밀착하는 방식으로 프리스트레스를 가하는데 이를 통해 잔류변형량의 기준치인 0.3mm 이내를 만족하기에는 부족하다. 그리고 이 반터치 커플러는 몸체의 조임이 필요하여 이를 위해 작업자들이 공구를 사용해야 하기 때문에 시공성이 좋지 않은 편이다. 손으로 간단한 조임을 하는 것이 힘들기 때문에 커플러 몸체 외측의 다각형 모양의 공구 홈이 형성되어 있다.

(2) 연결형 편체를 갖는 몸체 조임형 반터치 커플러

특허출원번호: 10-2015-0068725

발명의 명칭: 철근 고정용 콜렛 제조방법 및 이를 이용하여 제조된 콜렛이 구비되는 철근 연결장치

핵심기술 요약: 이 특허의 가장 큰 특징은 여러 조각의 편체가 서로 연결되어 있다는 것이다. 겉보기에는 분리되어 있는 것처럼 보이지만 단부가 얇은 원형 띠로 연결되어 있다. 이 특허는 이러한 두 쌍의 편체와 상호 연결되는 두 개의 몸체로 구성되어 있다. 편체의 내측 직경은 철근의 직경보다 클 것이므로 철근이 삽입되는 데 지장이 없으며 철근의 삽입 후 몸체를 서로 조여주면 편체가 철근을 감싸는 방향으로 휘면서 체결이 되는 구조이다.

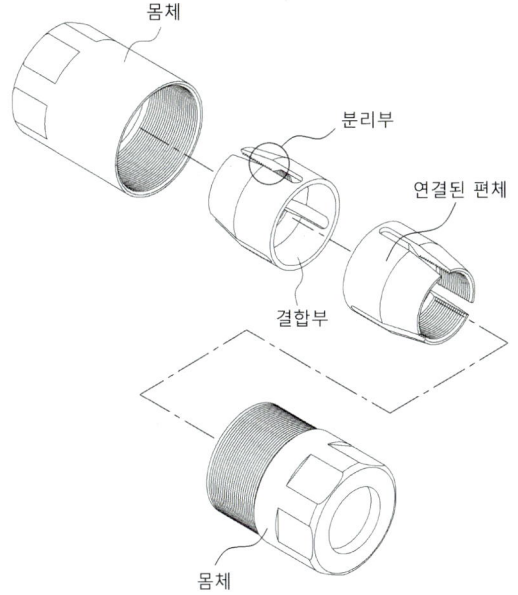

연결형 편체를 갖는 몸체 조임형 반터치 커플러 구성도

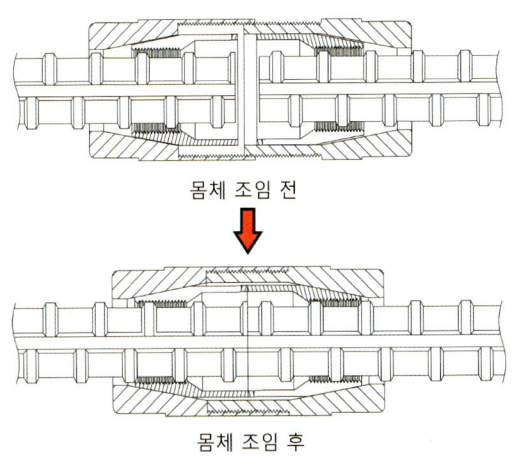

연결형 편체를 갖는 몸세 조임형 반터치 커플러 조임 전후도

V. 특허로 보는 철근 커플러 • 157

> 📢 **필자의 의견**
>
> 편체가 연결된 구조는 장단점이 명확하다. 장점으로는 철근 삽입 시 체결 불량이 거의 없으며 상대적으로 제품 생산 비용이 절감되는 것이다. 단점은 몸체를 조임으로 인해 편체가 철근에 밀착되어야 하는데 단순 힘만으로는 확실하게 밀착되기 힘들다는 것이다. 이로 인해 철근의 인장 시 편체가 쐐기 역할을 못 하여 철근이 커플러로부터 빠질 우려가 있다. 만약 편체 연결부의 두께를 최소화하여 휨이 아닌 여러 조각으로 분리가 된다면 체결성과 강도를 모두 만족할 수 있을 것이다.

이 외에도 여러 반터치 커플러 특허가 출원되었으나 기본 형태에서 크게 벗어나지 않았으며 간단한 변형을 하였거나 제품화가 힘들 것이라 판단한 내용은 수록하지 않았다. 다시 반터치 커플러를 요약하자면 원터치 커플러와 비슷한 경사면의 쐐기 편체를 이용하여 철근을 압박하지만 스프링과 같은 탄성부재를 사용하지 않아서 조임이 필요한 커플러이다.

4) 마디편체 현장 체결식 커플러

마디편체 현장 체결식 커플러는 현장 체결식 커플러 중 철근의 마디와 호환되는 형상의 편체를 사용하여 철근의 마디에 걸침 방식으로 힘이 작동하는 커플러이다. 일반적으로 마디편체 현장 체결식 커플러는 한국과 일본에서 사용되는 대나무 마디 형상의 철근에만 사용이 된다. 대나무 마디 형상의 철근은 마디가 축방향에 수직이기 때문에 편체의 형상을 철근과 호환시키기가 비교적 쉬우나 피시본, 다이아몬드 형상을 갖는 철근은 마디의 경사각이 다양하기에 힘들다. 국내 출원은 1997년부터 2021년까지 큰 변화가 없이 1건에서 4건 사이로 출원되어 왔다.

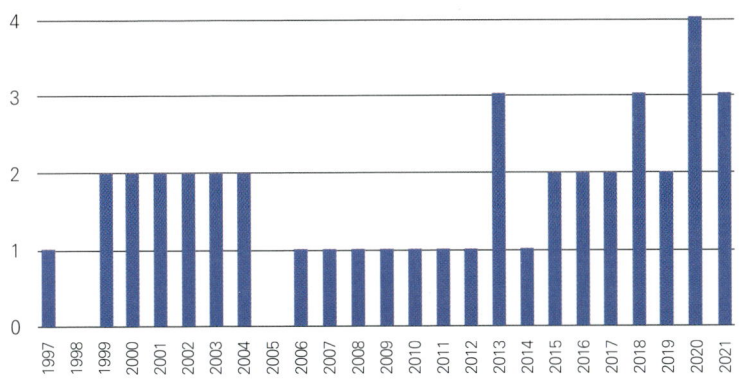

연도별 마디편체 현장체결식 커플러 출원 수

(1) 단턱을 갖는 마디편체 현장 체결식 커플러

특허출원번호: 10-1999-0013166

발명의 명칭: 철근 연결구

핵심기술 요약: 이 특허는 철근 마디와 호환되는 형상의 편체가 양측 철근에 각 2개씩 연결되며 커플러 몸체, 커플러 몸체와 나사결합 되면서 내측에는 편체와 동일한 경사각을 갖고 단턱이 형성된 슬리브로 구성되어 있다. 이 특허에서 슬리브에는 수나사가 가공되며, 몸체에는 암나사가 가공되어 서로 연결된다. 이는 슬리브의 단면적을 증대하는 역할을 하여 커플러의 내구성을 증대한다. 또한 철근의 인장 시 편체가 철근의 인장 방향으로 이동하면서 편체가 커플러 밖으로 이탈될 수 있는데 슬리브에 단턱을 두어 편체가 단턱을 넘어 이탈되지 않게 하였다.

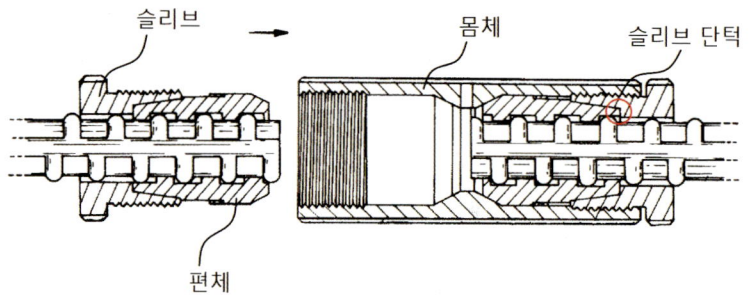

단턱을 갖는 마디편체 현장 체결식 커플러 구성 단면도

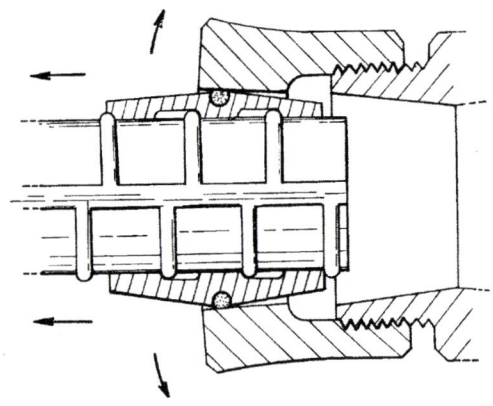

단턱이 없는 형상에서의 편체 이탈 개요도

필자의 의견

마디편체 현장 체결식 커플러는 철근 마디에 호환되는 편체를 사용하는 것을 전제 조건으로 하기 때문에 이 편체가 어떻게 철근 마디에 안착이 되고 작동하는지가 주요하다. 이 특허에서는 쐐기 원리의 편체가 철근이 인장 방향으로 빠져나가려고 할수록 더 옥죄게 되어 있다.

> 추가로 슬리브의 단턱으로 인해 일정 이상 편체의 쐐기 작용을 막고 슬리브의 단부 벌어짐을 방지하고자 하였다. 이는 같은 힘이 작용하더라도 단부에서 벌리는 힘이 내측에서 벌리는 힘보다 더 강한 것을 감안한 설계라고 볼 수 있다. 이 원리는 종이를 찢을 때 가장자리에서 찢기 시작하는 게 중앙부에서 찢는 것보다 더 쉬운 것과 같다. 결론적으로 이 특허는 안정적인 힘 전달에는 용이하다. 하지만 철근에 슬리브와 편체를 미리 조립한 후 몸체와 나사 체결을 해야 한다는 점에서 체결성이 떨어지는 단점이 있다.

(2) 반원통 형상의 편체를 갖는 마디편체 현장 체결식 커플러

특허출원번호: 10-2000-0024208

발명의 명칭: 철근이음장치

핵심기술 요약: 이 특허는 외부가 반원통 형상이며 내부는 철근의 마디와 호환되는 면을 갖는 두 쌍의 편체와 철근이 삽입되는 입구부로 갈수록 좁아지는 경사를 갖는 두 개의 몸체로 구성되어 있다. 두 개의 몸체는 양단부에 각각 수나사 암나사가 가공되어 서로 연결되는 것이 특징이다. 비교적 단순한 구조이며 또 다른 특이점은 2개로 이루어진 한 쌍의 편체가 서로 맞물릴 수 있게 걸림 홈이 형성되어 있다. 이로 인해 편체가 일체거동이 가능하다.

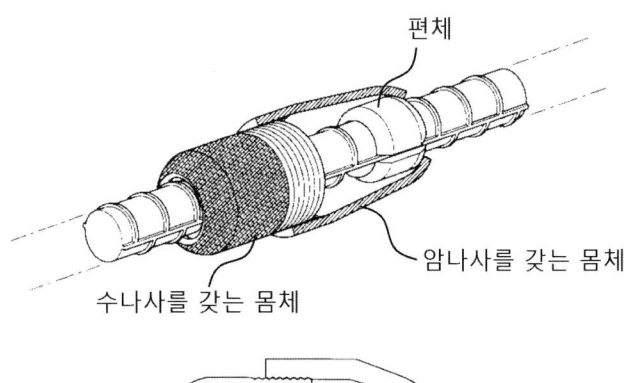

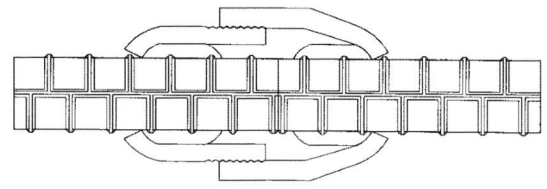

반원통 형상의 편체를 갖는 마디편체 현장 체결식 커플러 구성 및 단면도

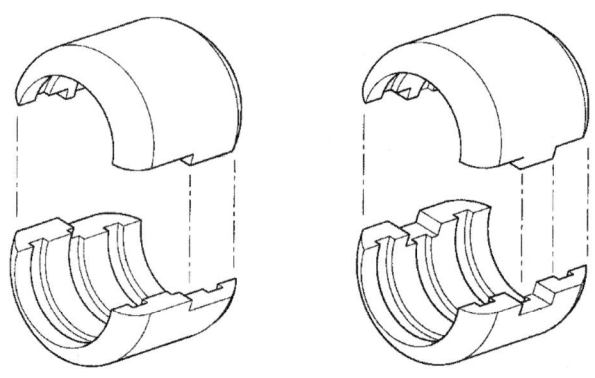

편체 걸림 홈의 두 가지 예시

필자의 의견

> 이 특허는 앞선 특허보다 구성이 간단하여 경제적인 장점이 있다. 또한 철근 체결이 완료되었을 때 두 개의 철근이 맞닿기 때문에 인장력과 압축력에 모두 견딜 수 있는 장점이 있다. (만약 철근과 철근이 맞닿지 않는다면 압축력에 견디는 힘이 떨어질 것이다.) 하지만 이 특허 또한 시공성은 좋지 않을 것이다. 이 특허를 제품화한다면 시공 순서는 다음과 같을 것이다. 한쪽 철근에 몸체를 넣고 그다음 편체를 철근 마디에 안착시킨다. 그리고 반대쪽에서도 똑같은 방식으로 편체와 몸체를 조립하여 몸체의 나사산을 돌려서 시공한다. 이때 나사산이 체결되기 전까지는 양쪽 몸체를 모두 잡고 있어야 하기 때문에 최소 두 사람 이상의 인력이 필요할 것으로 보인다.

(3) 몸체가 없는 마디편체 현장 체결식 커플러

특허출원번호: 10-2002-0056105

발명의 명칭: 철근 연결구 및 그 설치방법

핵심기술 요약: 이 특허는 철근 커플러의 몸체가 없으며 두 조각의 편체와 이의 일체화를 돕는 슬리브로 구성되어 있다. 이 두 조각의 편체는 앞선 특허들의 편체보다 길이가 길다. 이는 양측 철근의 마디를 모두 수용하기 위함이다. 또한 철근 체결 완료 후 볼트를 삽입할 수 있는 구멍이 형성되는데 이는 이 특허의 구조상 철근과 철근이 맞닿지 않는 경우에 이 공간을 메꾸는 역할을 한다.

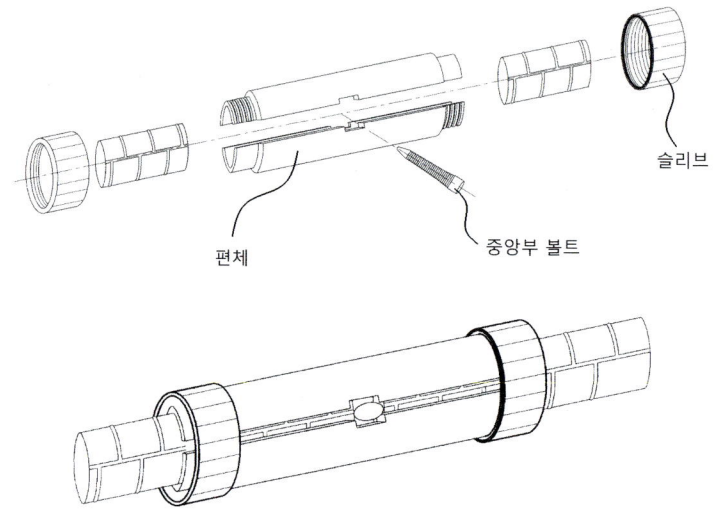

몸체가 없는 마디편체 현장 체결식 커플러 분해도(상), 체결도(하)

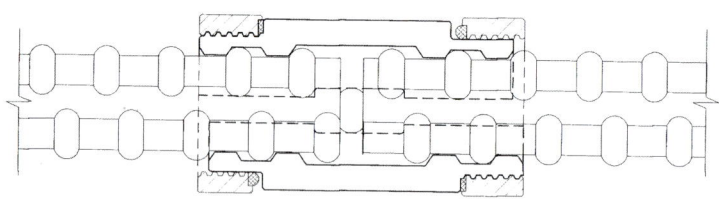

몸체가 없는 마디편체 현장 체결식 커플러 단면도

 필자의 의견

　이 특허는 일반적인 마디편체 현장 체결식 커플러와 달리 몸체가 없다. 대신 편체가 길게 형성되어 몸체 역할을 대신하며 이 편체가 벌어지지 않도록 슬리브가 편체를 옥죄는 역할을 한다. 부품의 간소화로 원가 절감은 가능할 것으로 보이나 기술적인 문제가 몇 가지 보인다.

그중 하나는 철근의 직경이 다양한데 이를 감싸는 편체 또한 철근 마디에 안착하게 되면 직경이 변화한다. 하지만 슬리브는 편체와 결합하는 나사부가 고정된 내경을 갖고 있다. 이는 철근의 직경이 변함에 따라 슬리브와 편체의 결합이 되지 않을 가능성을 내포한다는 것이다. 또한 철근이 서로 맞닿지 않음을 해결하기 위해 볼트를 삽입하는 방식을 택하였지만 이 또한 완벽한 해결책이 될 수는 없을 것으로 보인다. 양측 철근의 떨어진 거리를 모두 해결하기에는 볼트의 직경이 상대적으로 작기 때문이다. 이러한 기술적 문제들이 있지만 기존의 구조를 벗어나 특별한 방식이 있다는 것을 독자들에게 안내해 주고 싶어서 이 특허를 수록하였다.

(4) 간편한 체결이 가능한 마디편체 현장 체결식 커플러

특허출원번호: 10-2004-0052916

발명의 명칭: 철근연결기

핵심기술 요약: 이 특허 또한 직전의 '몸체가 없는 마디편체 현장 체결식 커플러'와 같이 몸체 없이 긴 편체와 슬리브로 구성되어 있다. 하지만 슬리브와 편체를 잇는 나사부가 테이퍼 나사 형식으로 경사졌으며 두 편체 사이에 판스프링과 같은 탄성부재가 있는데 이는 슬리브 조임 전까지 편체가 서로 떨어져 있게 하는 역할을 한다. 이 특허의 핵심 목적은 시공성 증대이다. 양측의 철근을 삽입하고 슬리브를 조이는 방식인데, 다른 현장 체결식과 달리 체결 시 커플러를 분해하지 않는다.

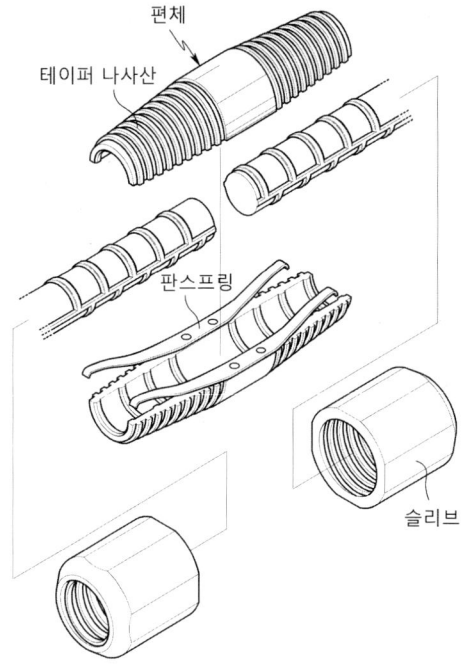

간편한 체결이 가능한 마디편체 현장 체결식 커플러 구성도

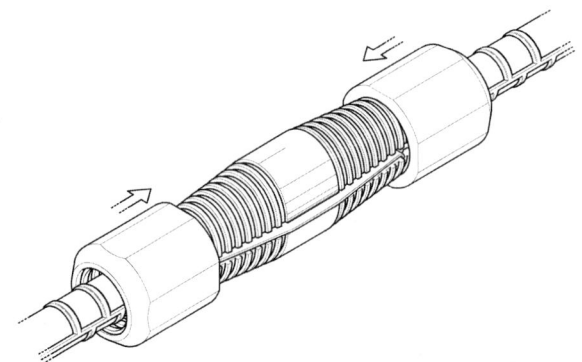

간편한 체결이 가능한 마디편체 현장 체결식 커플러 조립도

📝 필자의 의견

　대부분의 마디편체 현장 체결식 커플러는 편체를 철근에 체결한 후 후속 작업을 해야 하기 때문에 시공성이 좋지 않은 편이다. 그렇기 때문에 필자도 마디편체 현장 체결식 커플러에서 시공성을 얼마나 편리하게 하는지가 가장 중요하다고 생각한다. 이 특허에서는 종전과는 달리 편체를 미리 철근의 마디에 체결한 후 시공할 필요 없이 단순히 철근을 삽입하고 슬리브를 조이면 된다. 또한 종전의 특허(몸체가 없는 마디편체 현장 체결식 커플러)와 달리 슬리브와 편체의 나사산을 경사지게 형성해서 철근의 직경에 따른 체결 불량의 요소도 해결하였다. 하지만 한 가지 아쉬운 점은 철근의 마디는 제강사별로 간격과 모양이 모두 다른데 이 특허 기술로 이를 모두 호환할 수 있는 설계가 쉽지는 않을 것으로 보인다.

(5) 중공부를 갖는 마디편체 현장 체결식 커플러

특허출원번호: 10-2012-0066801

발명의 명칭: 철근 커플러

　핵심기술 요약: 이 특허의 가장 큰 특징은 일체형의 몸체에 편체를 삽입할 수 있는 중공부가 있다는 것이다. 또한 일반적으로 한 쌍의 편체는 모양이 동일한데 여기서는 하나의 편체는 철근 체결 전부터 몸체에 삽입되어 있으며 다른 편체는 철근의 체결 후 몸체의 중공부에 삽입되어 쐐기 원리로 철근의 마디를 지지한다. 이후 먼저 삽입된 편체에 몸체로부터 볼트를 체결하여 철근을 압박함으로써 더 큰 힘으로 철근을 지지한다.

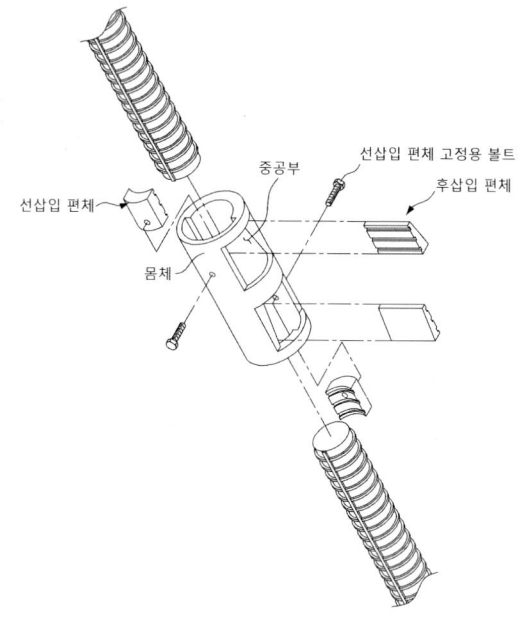

중공부를 갖는 마디편체 현장 체결식 커플러 구성도

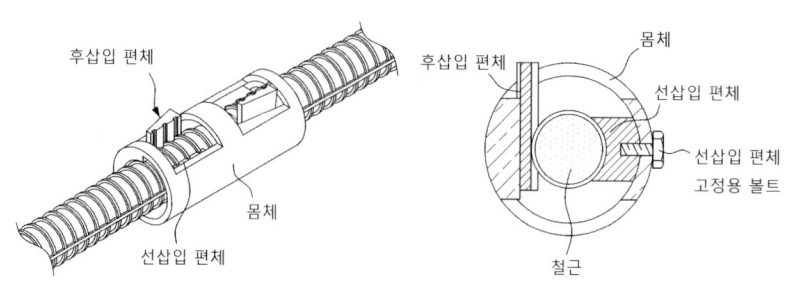

중공부를 갖는 마디편체 현장 체결식 커플러 체결도(좌), 단면도(우)

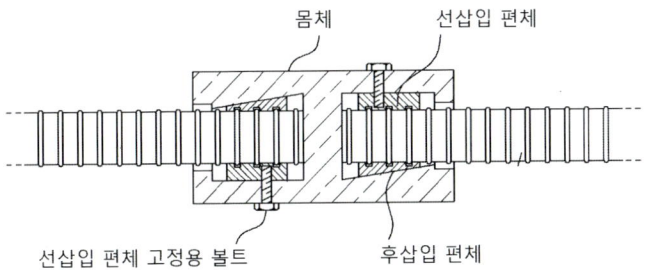

중공부를 갖는 마디편체 현장 체결식 커플러 체결 후 단면도

 필자의 의견

이 특허 또한 시공의 편리성 개선을 위한 설계에 가장 큰 목적을 두고 있다. 철근의 간편한 삽입 후 경사진 형상의 편체를 삽입하면 철근의 마디가 강하게 지지되며 이후 볼트를 조임으로써 철근과 편체는 더욱 밀착한다. 볼트가 이탈하지 않는다는 가정하에 철근의 인장 시 철근의 슬립은 최소화될 것으로 보인다. 즉 시공의 편리성을 가지면서 구조적으로도 안정적이다. 하지만 몸체의 중공부를 가공하는 점, 그리고 그 가공 형상이 복잡한 점, 부품의 종류가 다양한 점 등으로 인해 제품화했을 때 가격이 꽤 비쌀 것으로 예상된다.

(6) 테이퍼 나사 연결 마디편체 현장 체결식 커플러

특허출원번호: 10-2016-0104994

발명의 명칭: 내진용 철근 커플러장치

핵심기술 요약: 이 특허는 두 조각의 편체가 한 쌍으로 총 네 조각의 편체와 편체를 감싸는 고무링, 그리고 커플러 몸체로 간단한 구성을 보인

다. 편체와 몸체가 맞닿는 부위에는 테이퍼 나사가 형성되어 있으며 테이퍼 나사는 그 특성상 편체가 연결된 철근이 회전함에 따라 커플러 몸체로 들어가며 일정 이상 회전을 하면 철근을 더 옥죄어 고정이 되는 구조이다.

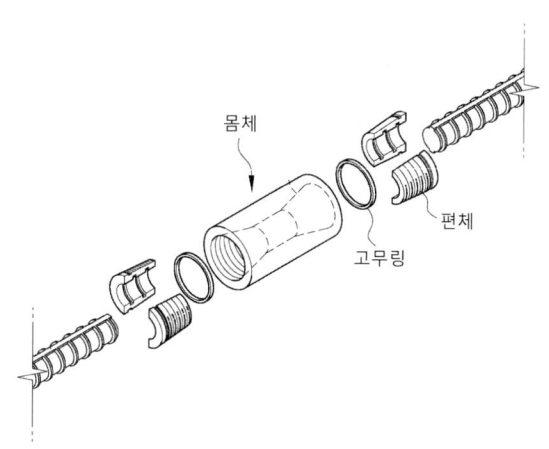

테이퍼 나사 연결 마디편체 현장 체결식 커플러 구성도

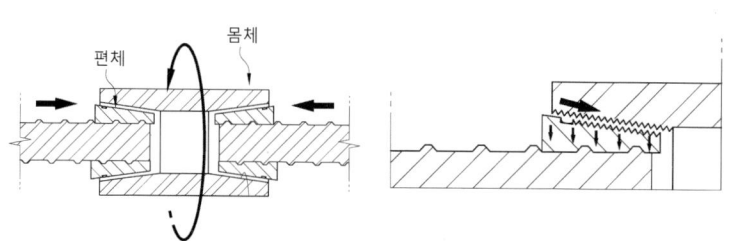

테이퍼 나사 연결 마디편체 현장 체결식 커플러 작동 원리

> **필자의 의견**
>
> 이 특허는 2024년 국내에서 판매되는 대부분의 마디편체 현장 체결식 커플러의 구조와 동일하다. 하지만 이 특허가 이 구성의 시초는 아니며 이미 일본에서부터 오래전에 개발된 기술이다. 그런데도 이를 수록한 이유는 현재 유통되는 마디편체 현장 체결식 커플러의 원리를 대표하고 있기 때문이다. 이 특허를 제품화한다면 단순한 구조로 인해 제품 단가는 저렴할 것이다. 시공 방법은 철근에 두 조각의 편체를 마디에 걸친 후 편체 외측 면과 몸체의 테이퍼 나사를 돌려서 연결하면 된다. 하지만 구조적으로 철근과 철근 사이에 유격이 발생할 수밖에 없기 때문에 압축응력 혹은 반복 인장 압축응력에 취약하다.

(7) 테이퍼 나사 쐐기형 마디편체 현장 체결식 커플러

특허출원번호: 10-2016-0142883

발명의 명칭: 철근 이음 장치

핵심기술 요약: 이 특허는 종전의 특허와 마찬가지로 편체 외측부에 테이퍼 나사 가공이 되어 있다. 이 테이퍼 나사는 철근 인장 방향으로 갈수록 둘레가 좁아지는 것이 특징이며 편체 한 쌍이 슬리브와 연결된다. 한쪽 슬리브는 단턱이 있으며 몸체의 일단부에 걸려서 빠져나가지 못하도록 되어 있다. 반대쪽 슬리브는 몸체와 나사 연결이 될 수 있게 수나사가 가공되어 있다.

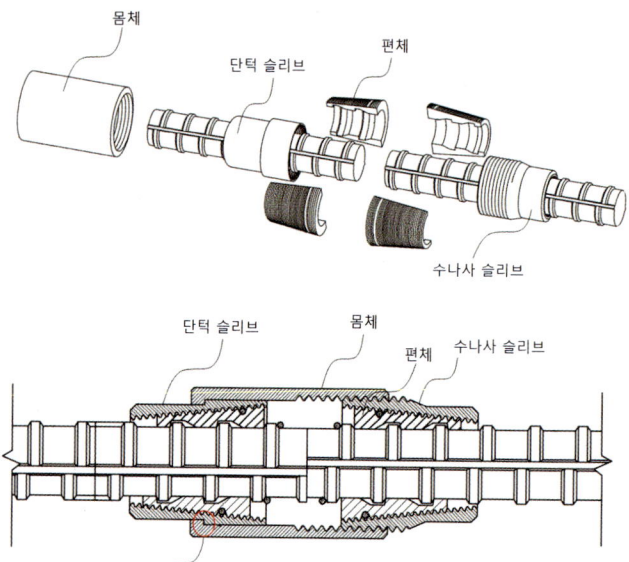

테이퍼 나사 쐐기형 마디편체 현장 체결식 커플러 구성도(상), 단면도(하)

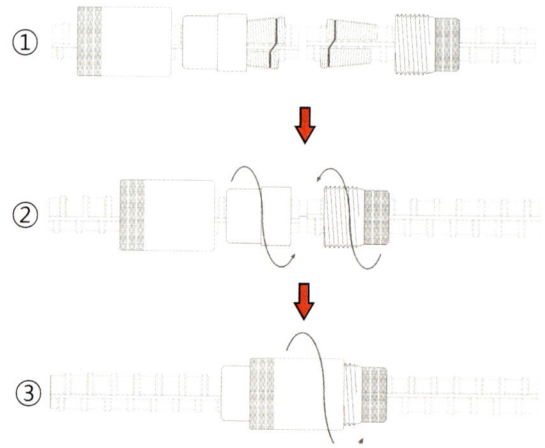

테이퍼 나사 쐐기형 마디편체 현장 체결식 커플러 시공 순서

시공 순서는 첫 번째로, 일측 철근에 커플러 몸체를 넣고 슬리브를 넣은 후 편체를 철근에 고무줄로 1차 고정한다. 반대쪽 철근에도 슬리브를 넣은 후 편체를 철근에 고무줄로 고정하는 작업을 한다. 두 번째로, 양쪽 철근에 체결된 편체를 슬리브에 돌려 넣어 나사를 고정한다. 세 번째로 커플러 몸체의 암나사를 수나사 슬리브와 나사 체결을 한다.

필자의 의견

이 특허는 앞선 테이퍼 나사 연결 방식의 경사면을 반대로 하여 쐐기 원리를 적용하였다. 이로 인해 철근의 인장 방향으로 경사가 형성되기 때문에 철근의 이탈을 더 견고히 방지할 수 있는 장점이 있다. 또한 단턱을 둔 슬리브와 수나사 가공 슬리브의 도입으로 철근과 철근이 맞닿을 수 있기 때문에 압축응력의 지지에도 도움이 된다. 하지만 앞선 특허와 비교하여 시공성은 현저히 떨어지는 것이 단점이다. 앞선 특허에서는 철근에 편체를 체결한 후 돌려서 넣으면 되는데 여기서는 경사 방향이 반대라서 철근에 몸체 삽입, 슬리브 삽입, 편체를 체결한 후 편체와 슬리브를 나사 조임 한다. 이후 몸체와 나사 슬리브를 연결하여야 시공이 끝난다. 현장에서의 시공성을 조금 더 개선할 수 있는 방향의 강구가 필요해 보인다.

(8) 스프링을 이용한 마디편체 현장 체결식 커플러

특허출원번호: 10-2021-0048610

발명의 명칭: 초기 슬립방지용 철근 커플러

핵심기술 요약: 이 특허는 앞선 두 가지 특허의 절충형이라고 볼 수 있다.

'테이퍼 나사 연결 마디편체 현장 체결식 커플러'의 기본 원리와 구조에 '테이퍼 나사 쐐기형 마디편체 현장 체결식 커플러'와 같이 철근과 철근이 맞닿는 구조를 적용했다. 이 특허의 구성은 다음과 같다. 내측은 철근 마디와 호환되는 형상을 갖고 외측은 테이퍼 나사 가공이 된 한 쌍의 편체와 이 편체와 연결되는 내측은 테이퍼 나사 가공이 되며 외측은 일반 나사 가공이 되는 슬리브, 그리고 내측 전반에 슬리브와 결합되는 나사산이 가공된 커플러 몸체이다. 여기서 슬리브가 커플러 몸체를 따라 회전하면서 들어가는데 이때 체결을 지연시켜 주는 부재가 존재하는 것이 특징이다. 이 특허에서는 체결 지연 방법이 여러 가지 제시되어 있다. 그중 한 가지 예는 슬리브와 슬리브 사이에 압축 스프링을 사용한 것이다. 커플러의 시공 과정은 철근의 마디에 두 조각의 편체를 조립한 후 이를 바디와 먼저 체결되어 있는 슬리브에 인입한 후 돌려서 체결한다. 반대 방향도 마찬가지로 시공하는데 이때 압축 스프링의 역할은 슬리브와 편체의 체결을 더 견고하게 하는 것이다.

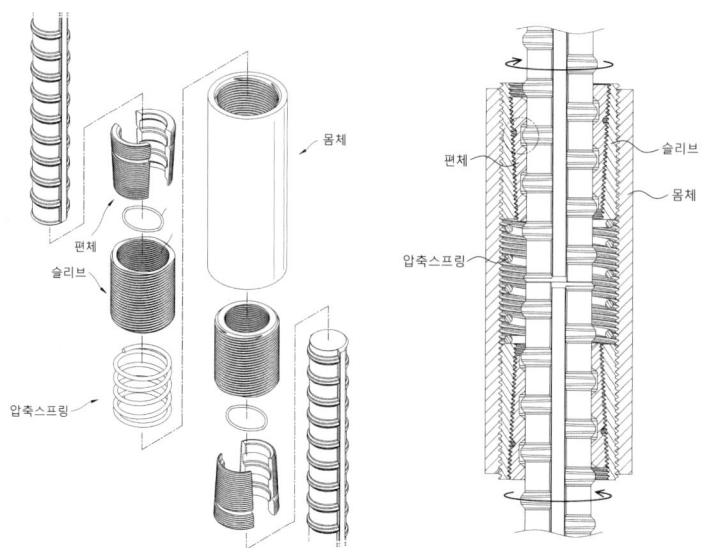

스프링을 이용한 마디편체 현장 체결식 커플러 분해도(좌), 체결 단면도(우)

📢 필자의 의견

> 이 특허는 필자가 출원한 특허로 마디편체를 이용하는 철근 커플러에서 어떻게 하면 시공의 편리함을 유지하면서 철근과 철근이 어떤 조건에서도 맞닿을 수 있게 하는지 고심하다 발명한 것이다. 물론 앞선 '테이퍼 나사 연결 마디편체 현장 체결식 커플러'보다는 슬리브 부재가 추가되기 때문에 가격은 조금 더 비싸지지만 시공성이 좋아지며 철근과 철근이 맞닿기 때문에 더 완벽한 체결이 가능하다.

이렇게 마디편체를 이용한 현장 체결식 커플러를 살펴보았다. 매년 꾸준히 특허가 출원되었으며 20년, 21년에 증가세를 보였지만 한 출원자가 여러 건을 동시 출원한 것이라 큰 변화는 없는 것으로 보인다. 마디편체 현장 체결식 커플러 특허의 종류는 대부분 양측 철근의 밀착을 통해 품질을 강화하거나 시공의 편리성을 위주로 개발되어 왔다.

5) 쐐기형 현장 체결식 커플러

쐐기형 현장 체결식 커플러는 현장 체결식 커플러 중 쐐기체를 커플러 몸체에 타격하여 철근을 압박하는 방식이다. 국내에서는 한때 사용되었지만 2024년 현재는 시공성이 떨어져 대부분의 현장에서 사용되고 있지 않다. 특허로 살펴보아도 1998년부터 2005년까지 14건의 특허가 출원되었으며 2006년부터 2021년까지 출원된 특허 수는 4건이다. 출원된 특허 현황으로 보아도 앞으로 쐐기형 현장 체결식 커플러의 큰 발전이 있을 것으로 예상되지는 않는다.

(1) 일반적인 쐐기형 현장 체결식 커플러

특허출원번호: 10-2001-0007181

발명의 명칭: 철근 연결구

핵심기술 요약: 이 특허는 철근의 리브를 중심으로 한쪽 철근 마디를 파지하는 커플러 몸체, 반대쪽 철근 마디를 파지하는 슬리브, 그리고 슬리브와 몸체 사이의 공간에 타격하여 인입하는 두 개의 쐐기체로 구성되어 있다. 슬리브의 외측 면은 쐐기체가 인입될 수 있게 경사져 있으며 경사면에는 쐐기체 인입 후 이탈을 방지하도록 톱니가 다단으로 형성되어 있다. 체결 방법은 한쪽의 철근에 커플러 몸체를 삽입한 후 반대쪽 철근을 삽입하여 철근과 철근이 맞닿도록 한다. 그 후 슬리브를 몸체와 철근 사이에 삽입하여 철근의 마디에 안착시킨다. 마지막으로 쐐기체를 슬리브와 커플러 몸체 사이로 타격하여 고정한다.

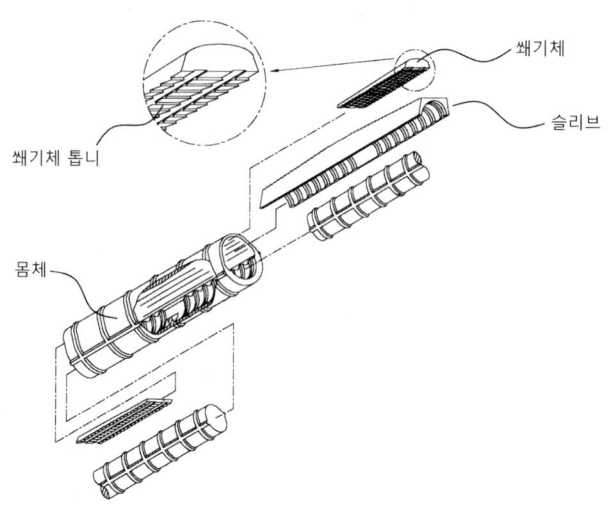

일반적인 쐐기형 현장 체결식 커플러 구성도

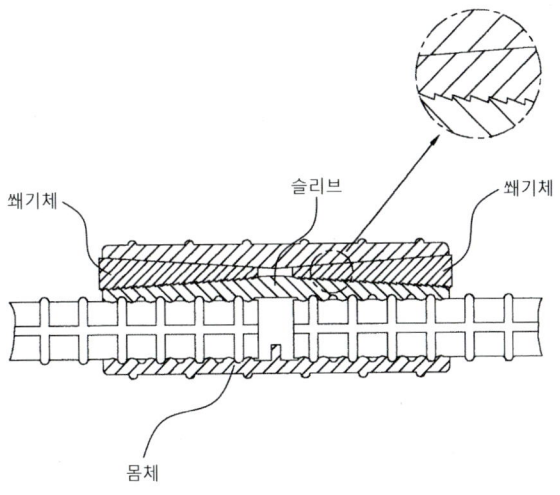

일반적인 쐐기형 현장 체결식 커플러 단면도

 필자의 의견

> 이 특허는 쐐기 원리를 가장 잘 보여 주는 쐐기형 현장 체결식 커플러이다. 커플러 몸체가 한쪽 철근 마디를 지지하며 반대쪽 철근 마디는 슬리브가 지지한다. 그리고 슬리브와 커플러 몸체 사이에 쐐기체를 타격하여 고정하면 철근의 인장 시 인장력에 대해 지지할 수 있다. 철근의 마디 형상에 호환되는 몸체와 슬리브를 사용한 것으로 마디편체 현장 체결식 커플러에 쐐기체를 도입하였다고 볼 수 있다. 현장에서 시공 시 철근에 커플러 몸체와 슬리브의 체결이 불편하며 쐐기체의 타격 고정 전까지는 철근이 움직일 수 있기 때문에 여러 명이 작업을 할 수밖에 없다는 큰 단점이 있다.

(2) 두 개의 몸체를 가진 쐐기형 현장 체결식 커플러

특허출원번호: 10-2003-0023892

발명의 명칭: 철근 연결구

핵심기술 요약: 이 특허는 위의 일반적인 쐐기형 현장 체결식 커플러에서 슬리브 대신 두 개의 몸체를 사용하였다. 두 개의 몸체 내측에는 철근의 마디와 호환되는 형상이 음각으로 새겨져 있다. 또한 몸체의 일부는 원통형이며 일부는 축방향으로 전체 면의 절반 정도가 열려 있는 반통형의 경사부를 가져 두 개의 몸체가 서로 교차될 수 있다. 이로 인해 철근을 연결할 때 원통부의 내부를 육안으로 보면서 작업을 편리하게 할 수 있는 장점이 있으며, 몸체를 철판 재료를 이용하여 프레스 등으로 가공하는 것이 가능하여 이전 특허에 비해 생산원가를 줄일 수 있는 장점이 있다. 교차된 몸체에 철근을 연결한 후에는 쐐기체를 몸체와 몸체 사이에 타격 삽입하면 시공이 완료된다.

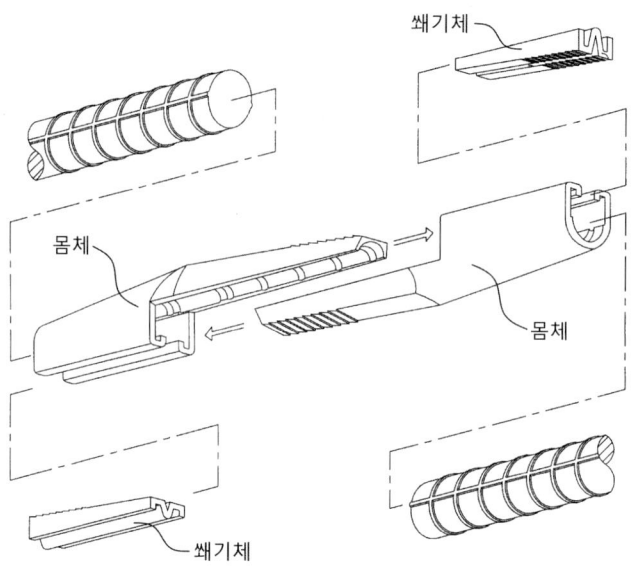

두 개의 몸체를 가진 쐐기형 현장 체결식 커플러 구성도

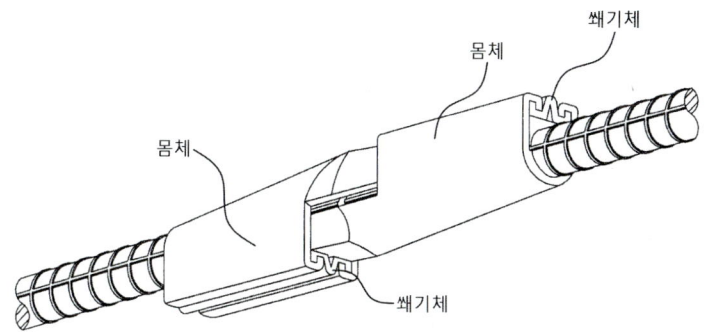

두 개의 몸체를 가진 쐐기형 현장 체결식 커플러 철근 체결도

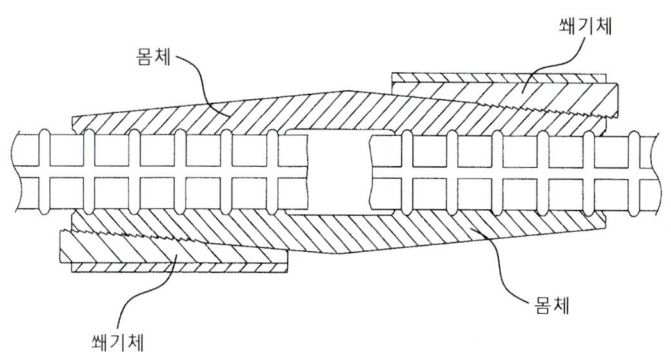

두 개의 몸체를 가진 쐐기형 현장 체결식 커플러 철근 체결 단면도

필자의 의견

앞선 특허에 비교한 이 특허의 장점은 상대적으로 체결이 간편하다는 것이다. 육안으로 철근의 마디 위치를 확인할 수 있고 두 개의 몸체를 동시에 양쪽 철근의 마디에 안착시킬 수 있기 때문에 시공 시간이 조금은 줄어들 것으로 보인다. 하지만 철근의 인장 시 앞선 특허보다 몸체에 비틀림 응력이 가해질 것이기에 더 많은 단면적 확보가 필요할 것이다.

(3) 다단 쐐기형 현장 체결식 커플러

특허출원번호: 10-2013-0020456

발명의 명칭: 철근 커플러

핵심기술 요약: 이 특허는 쐐기체를 삽입하여 철근을 바로 옥죄는 것이 아닌 쐐기체 삽입 후 움직이는 슬리브와 편체로 철근을 압박하는 것이다. 시공 방법은 앞선 두 가지 특허보다 훨씬 간편하여 철근 삽입 후 쐐기체를 커플러 몸체의 구멍으로 삽입하면 시공이 끝난다. 작동 원리를 간략하게 설명하면 쐐기체가 삽입되면서 슬리브가 중앙부로 이동한다. 이때 중앙부로 이동하는 슬리브의 경사진 면을 따라 편체는 철근 방향으로 이동하여 철근을 파지한다.

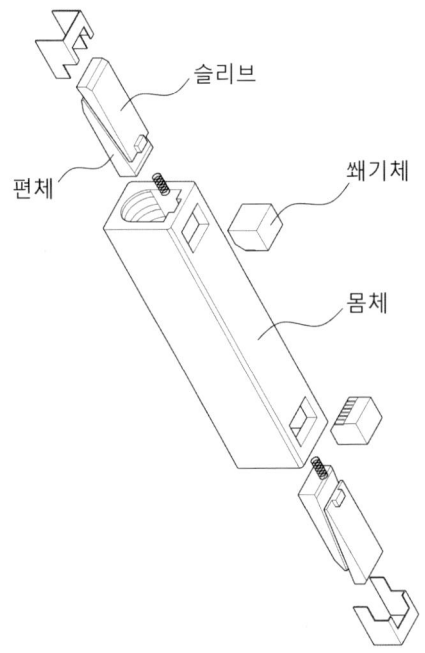

다단 쐐기형 현장 체결식 커플러 구성도

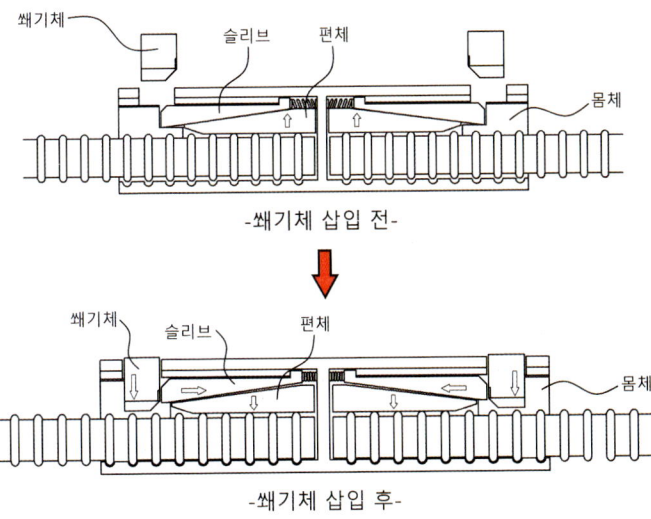

다단 쐐기형 현장 체결식 커플러 작동 단면도

🔑 필자의 의견

> 쐐기체를 이용한 현장 체결식 커플러의 특허 중에서는 가장 간편한 방법으로 보인다. 철근의 한쪽은 마디편체 현장 체결식 원리와 같으며 다른 한쪽은 다단으로 구성되어 있어서 복잡해 보이지만 원터치나 반터치 커플러의 편체 원리와 같다. 복합적인 방식의 개선이지만 타 현장 체결식 커플러와 비교하여 시공성이 크게 향상되지는 않은 것으로 보인다.

간단히 3가지 쐐기형 현장 체결식 커플러 특허를 살펴보았다. 기타 출원된 특허도 있지만 수록된 특허들에 비해 큰 기술적 진보가 없다고 판단된다. 현재 현장에서 쐐기형 커플러의 시장이 활성화되지 않은 만큼 특허의 출원 수도 급격히 줄어들고 있다. 앞으로 획기적인 기술의 개발이 일어나지 않는 이상 쐐기형 커플러가 활성화되기는 힘들 것이다.

6) 나사형 철근 커플러

나사형 철근 커플러는 일반적인 철근에서 마디가 나선형으로 형성되며 리브가 없기 때문에 나사 체결이 가능한 철근 커플러이다. 철근이 나선형으로 제작되어야 하기 때문에 제강사에서 나사형 철근을 개발한 이후부터 관련된 특허가 출원되었다. 철근에 나사산을 가공하는 나사 커플러와 마찬가지로 나사 이음에 대한 전반적인 특허를 등록할 수는 없기 때문에 나사 철근의 제조 방법, 연결 방법의 다양화와 같은 내용의 특허들이 많다.

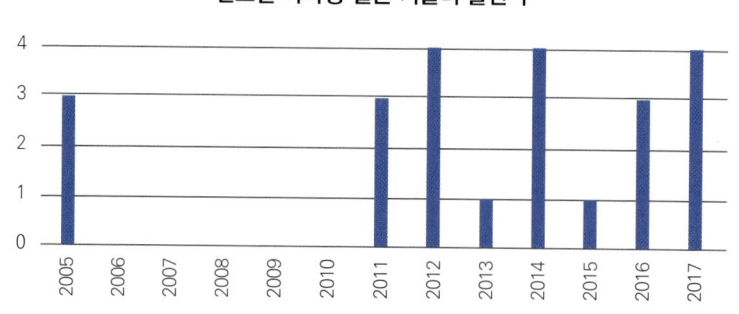

연도별 나사형 철근 커플러 출원 수

국내에 출원된 나사형 철근 커플러의 특허 수는 총 31건이며 2011년부터 2017년 사이에 대부분의 특허가 출원되었다. 이는 현대제철에서 2011년부터 미디어에 적극적으로 나사철근 개발을 알린 것이 원인이라고 판단된다.

(1) 자동 확산 충진제를 구비한 나사형 철근 커플러

특허출원번호: 10-2005-0033032

발명의 명칭: 철근 연결부 구조 및 철근 연결방법

핵심기술 요약: 이 특허는 현대제철에서 출원한 특허로 나사형 철근의 체결 시 공극을 메꿀 수 있는 충진제가 커플러 체결과 동시에 확산되도록 하였다. 나선형 철근 한 쌍과 나선형 철근 단부에 결합되는 쐐기, 커플러 몸체, 커플러 몸체 내에 쐐기에 의해 확산되는 충진제, 그리고 나선형 철근 한쪽에 결합되는 스토퍼로 구성된다. 시공 방법은 하부 철근을 먼저 커플러 몸체에 나사 체결한 후 상부 철근에 쐐기를 결합하여 나사 체결을 한다. 이때, 철근 사이에 있는 충진제가 쐐기에 의해 터져서 확산되며 충진제가 완전히 굳기 전에 상하부 철근을 돌려서 커플러 중앙부로 위치시킨다.

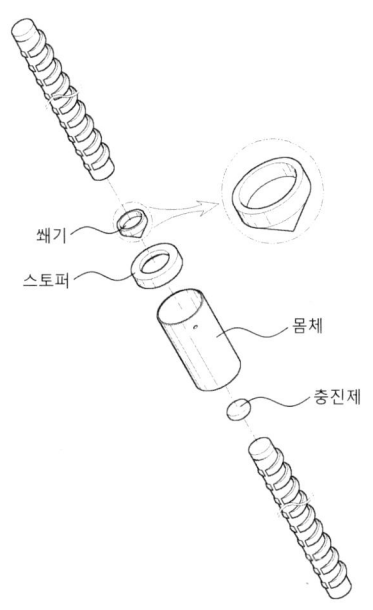

자동 확산 충진제를 구비한 나사형 철근 커플러 구성도

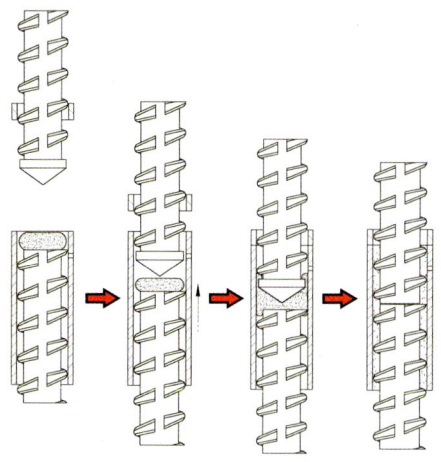

자동 확산 충진제를 구비한 나사형 철근 커플러 시공 순서도

 필자의 의견

이 특허는 일반 나사형 철근 커플러의 미세 공극에 따른 슬립을 최소화하기 위하여 사용되는 충진제를 주입 방식이 아닌 자동 확산 방식으로 바꾼 것이다. 장점으로는 주입 방식에 필요한 충진제 주입구가 커플러 외부에 필요하지 않아 생산이 간단하며 주입공정의 생략이 가능하여 시공성이 향상된다. 또한 스토퍼(고정너트)로 철근을 완전히 잠가서 외부 충격에 따른 풀림 방지를 한 것이 특징이다.

(2) 스프링을 사용한 나사형 철근 커플러

특허출원번호: 10-2011-0112281

발명의 명칭: 철근 결속장치

핵심기술 요약: 이 특허는 일반적인 나사형 철근 커플러에 나사 간격

과 동일한 스프링을 넣은 것이다. 이는 철근의 단부에 버(Burr)가 발생하거나 외형이 변형되었을 때 커플러의 나사골을 철근의 나사산보다 크게 가공하여 체결에 지장이 없도록 하였다. 또한 스프링이 철근과 커플러 사이의 간극을 보정하여 철근과 커플러를 견고하게 고정함을 목적으로 하였다.

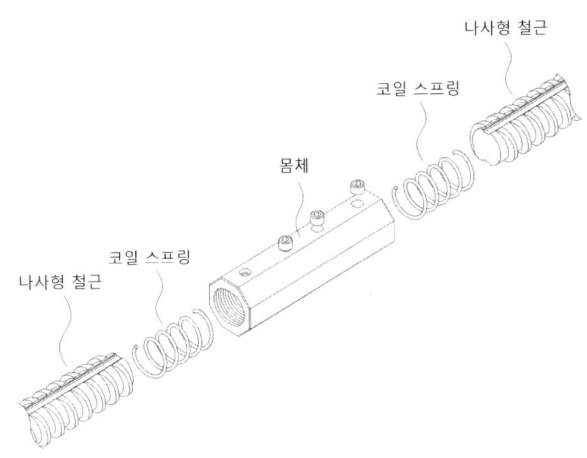

스프링을 사용한 나사형 철근 커플러 구성도

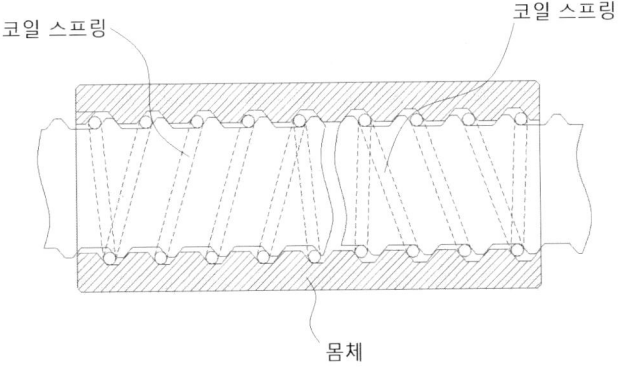

스프링을 사용한 나사형 철근 커플러 체결 단면도

필자의 의견

이 특허는 나사형 철근 커플러의 큰 단점 중 하나인 철근 체결성을 해결하였다. 제강사에서 철근을 생산 후 일정 길이로 절단을 하는데 이때 철근 단부에 버(Burr)가 생긴다. 일반적인 철근 겹침 이음에서는 철근의 버 발생이 이음에 문제가 전혀 없지만 나사형 철근에서는 나사 체결에 큰 걸림돌이 된다. 그렇기 때문에 현장에서 커플러 체결 전에 철근 단부를 재가공하여 매끄럽게 만들거나 철근을 공장 가공한 후 현장에 납품해야 한다. 이러한 번거로움이 나사형 철근의 현장 적용에 큰 걸림돌이 된다. 하지만 이 특허에서 적용한 코일 스프링은 철근의 버에도 불구하고 매끄러운 체결을 도와주는 역할을 한다. 또한 스프링은 탄성력이 있기 때문에 철근의 나사산에 더 밀착할 수 있어서 인장 시 슬립을 줄여 주는 것 또한 도움이 될 것이다.

(3) 철근 위치 고정이 가능한 나사형 철근 커플러

특허출원번호: 10-2014-0043372

발명의 명칭: 나선철근용 철근연결구

핵심기술 요약: 이 특허의 특징은 일반적인 나사형 철근 커플러에서 직선구간의 철근 인입 지지구를 가지며 커플러 중앙에는 철근 삽입 확인구가 있다. 또한 철근 나사와 호환되는 커플러 나사산이 관통형이 아닌 양측에서 개별 가공되기 때문에 철근의 삽입 깊이가 제한된다. 그리고 철근이 일정 깊이 이상 삽입되면 역회전을 방지하는 풀림 방지 돌기가 커플러 나사산에 형성되어 있어서 흔들림에 의한 철근 풀림이 제한된다.

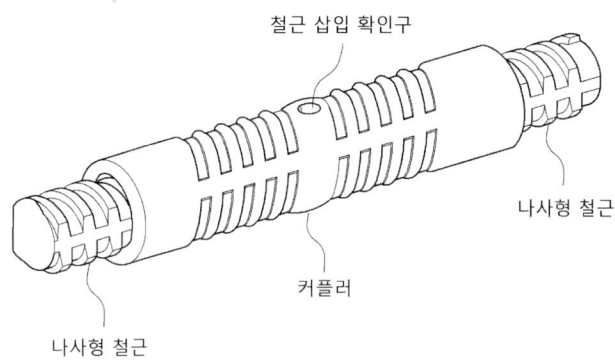

철근 위치 고정이 가능한 나사형 철근 커플러 체결도

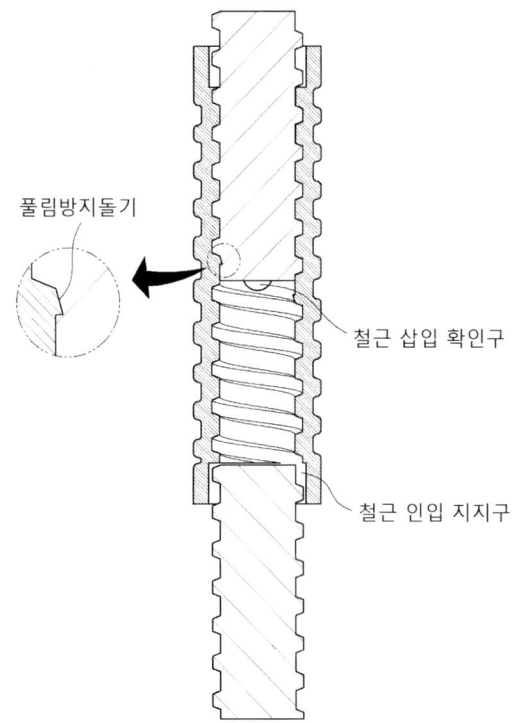

철근 위치 고정이 가능한 나사형 철근 커플러 체결 단면도

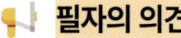
필자의 의견

이 특허는 기존 기술과 비교해 큰 변화는 없지만 작업의 편의성을 여러 가지 방면으로 개선하였다. 먼저 초기 철근과 커플러 회전 체결 전 철근을 거치할 수 있는 공간이 있어서 작업의 편의성이 증대되었다. 또한 철근의 삽입이 커플러 중앙부까지 되었는지 확인할 수 있는 확인구가 있으며 더 이상 인입이 안 되도록 하는 개별 가공 또한 완전 체결에 도움이 된다. 마지막으로 보통은 철근 체결 후 철근의 역회전 방지를 위해 잠금너트를 사용하는 반면 풀림방지돌기를 도입하여 추가 공정 없이 역회전을 방지할 수 있는 장점이 있다. 하지만 한 가지 아쉬운 점은 나사형 철근 커플러의 단순 돌림 체결뿐이기에 완전한 슬립 방지가 어렵다는 것이다.

(4) 압축력과 인장력을 동시에 지지하는 나사형 철근 커플러

특허출원번호: 10-2014-0085028

발명의 명칭: 나선철근용 철근연결구

핵심기술 요약: 이 특허는 내측의 철근 수나사와 호환되는 암나사와 외측의 경사진 나사부를 갖는 커플러 몸체, 그리고 커플러 몸체를 양측에서 조여 주는 두 개의 슬리브로 구성되어 있다. 슬리브 내측의 일부는 철근의 수나사와 호환되는 암나사가 형성되어 있으며 내측의 또 다른 부위는 커플러 몸체의 수나사와 호환되는 암나사가 가공되어 있다. 이 특허가 해결하고자 하는 기술적 과제는 철근을 회전하지 않은 상태로 한 쌍의 철근 연결이 가능하도록 하는 것이다. 커플러 몸체를 조여 주는 슬리브의 도입으로 철근 연결 후 인장력과 압축력에 모두 지지할 수 있으며 흔들림과 풀림에 대한 저항성도 가진다.

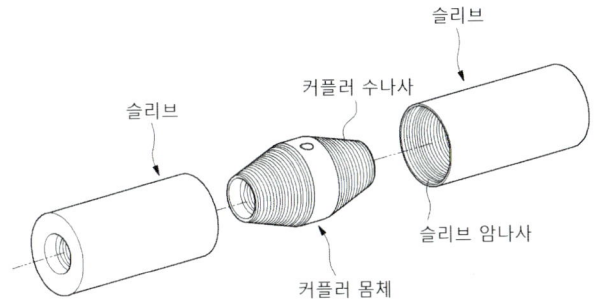

압축력과 인장력을 동시에 지지하는 나사형 철근 커플러 분해도

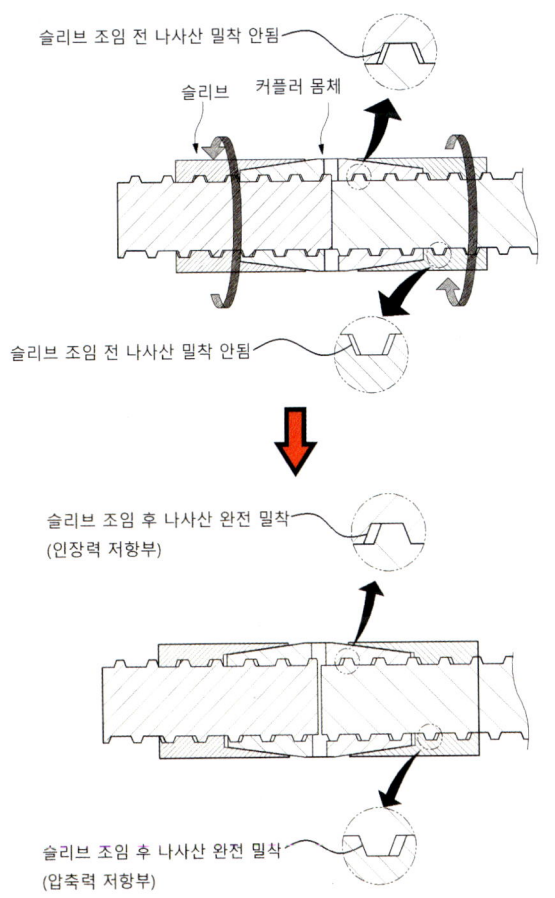

압축력과 인장력을 동시에 지지하는 나사형 철근 커플러의 슬리브 회전 시 나사산 움직임 단면도

V. 특허로 보는 철근 커플러 • 189

📢 필자의 의견

> 이 특허의 목적은 철근을 회전하지 않은 상태로 한 쌍의 철근 연결이 가능하도록 하는 것이다. 일반적인 나사형 철근 커플러 또한 철근의 회전 없이 커플러를 회전하여 체결이 가능하지만 완전한 체결이 될 수 없다. 철근 단부에 나사 가공을 하는 나사 커플러와 나사형 철근 커플러와 같은 나사 이음 방식은 철근의 체결 후 공구를 사용하여 완전 조임을 하여야 한다. 그래야 철근과 철근이 맞닿으면서 공극을 메울 수 있는데 철근의 회전이 안 될 때는 공극을 메울 수 없게 된다. 그렇기 때문에 이 특허에서는 철근과 철근이 맞닿지 않아도 공극을 제거할 수 있게 하는 슬리브를 도입하였다. 슬리브를 커플러 몸체에 체결함에 따라 서로 압축되며 철근을 압축과 인장력에 모두 지지하도록 양방향에서 눌러 주는 역할을 하게 된다. 다시 말해 양방향에서 눌러 주기 때문에 압축력, 인장력을 지지함과 동시에 흔들림과 풀림에도 저항할 수 있게 되는 것이다. 이 특허는 기술적으로는 큰 장점을 갖는다. 하지만 슬리브의 추가 사용과 복잡한 공정으로 현장에서의 비용 증가는 불가피할 것이다.

(5) 탄성링을 구비한 나사형 철근 커플러

특허출원번호: 10-2016-0145352

발명의 명칭: 나사철근의 이음장치 및 그의 이음방법

핵심기술 요약: 이 특허는 일반적인 나사형 철근 커플러 중앙에 탄성링을 사용하였다. 탄성링의 탄성력으로 철근 삽입 시 양쪽 철근을 서로 밀어 주게 된다. 특허 내 발명의 효과에 따르면 이 탄성링에 의해 나사 철근의 결합 시 나사부의 슬립 현상 발생이 억제될 수 있다고 한다.

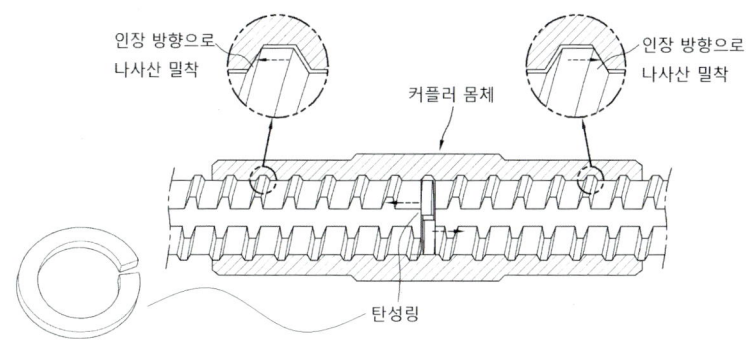

탄성링을 구비한 나사형 철근 커플러 체결 단면도

 필자의 의견

필자가 판단하기로는 이 특허의 효과는 나사부의 슬립 방지보다는 외부 충격에 따른 풀림 방지가 가장 클 것으로 보인다. 일반적인 나사형 철근 커플러 또한 철근과 철근이 맞닿을 때까지 공구로 조임을 하게 되면 철근과 커플러 나사산 사이의 공극이 줄어들어 슬립이 최소화된다. 하지만 이 특허에서는 탄성링을 도입하여 탄성력이 추가되기 때문에 진동에 의한 나사산 풀림 억제 기능을 하게 된다.

(6) 초기 원터치 삽입이 가능한 나사형 철근 커플러

특허출원번호: 10-2017-0045168

발명의 명칭: 나사형 철근 연결용 커플러

핵심기술 요약: 이 특허는 일반적인 나사형 철근 커플러의 한쪽에 일부 원터치 삽입이 가능하도록 하였다. 이를 위해 나사형 철근 커플러 외부에 나사를 가공하였으며 이 부위에 원터치 체결부 몸체를 연결하고 내부에

여러 조각의 편체와 스프링을 구비한 것을 특징으로 한다. 원터치 체결부 몸체 내부는 쐐기 원리 작동을 위해 경사져 있다. 편측은 일반적인 나사형 철근 커플러와 같이 나사산이 가공되어 철근을 돌려서 체결하면 되며 반대쪽의 원터치 체결부에는 철근을 원터치 삽입하여 고정되었다면 철근을 회전하여 나사형 철근 커플러 내부에 체결하면 시공이 완료된다.

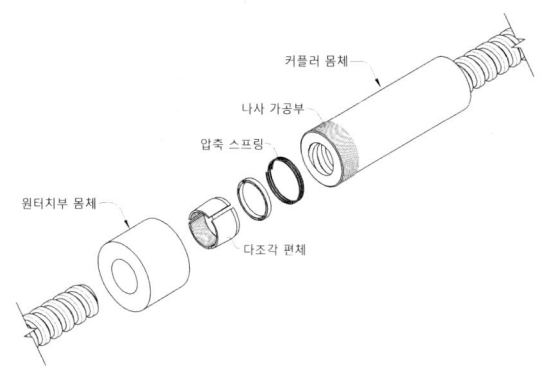

초기 원터치 삽입이 가능한 나사형 철근 커플러 분해도

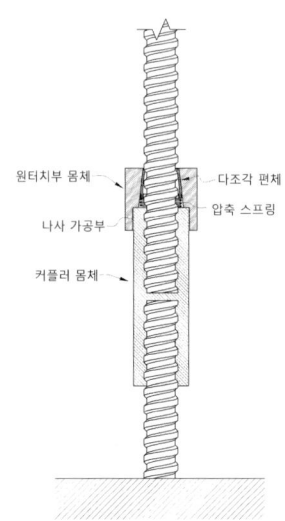

초기 원터치 삽입이 가능한 나사형 철근 커플러 체결 단면도

> ### 🖊 필자의 의견
>
> 이 특허의 긍정적인 측면은 현장에서의 안전성을 높여 준다는 것이다. 4m를 넘어가는 긴 철근을 작업자가 잡고 돌려 넣는 것은 힘들뿐더러 초기 맞춤이 제대로 되지 않을 시 철근이 쓰러져 인명 피해가 발생할 우려도 있다. 하지만 이 특허에서는 원터치 삽입 후 작업자가 철근을 잡고 있지 않더라도 철근이 쓰러질 우려가 없어 작업의 안전성과 편의성을 더하였다. 하지만 원터치 부재를 추가한 더 큰 목적은 여러 철근이 묶인 철근망을 이용하여 한꺼번에 철근을 시공하기 위함으로 보인다. 철근망을 들어 올려 원터치 부에 각각의 철근들이 삽입된 후 개별 철근을 조이면 되기 때문에 철근망 선조립 공법에서 활용도가 높을 것으로 보인다.

이렇게 국내에 출원된 나사형 철근 커플러의 특허를 살펴보았다. 나사형 철근 커플러는 내진 규정이 엄격한 일본에서 사용되는 철근 이음 수단인 만큼 국내에서도 향후 사용될 가능성이 꽤 높은 커플러라고 생각한다. 앞으로 기술적 발전도 이루어질 것으로 보이는데 이는 앞선 특허들이 해결하려는 다음의 방안과 같을 것이다. 첫 번째로 철근 단부의 버(Burr)가 발생하여도 체결에 지장이 없도록 하는 것, 두 번째로 인장 시험 시 발생하는 슬립의 최소화, 마지막으로 수직근에서의 상부근 작업의 안전성과 편리성 확보다.

7) 볼트 체결식 커플러

일반적인 볼트 체결식 커플러는 일렬로 된 다수의 볼트를 커플러에 체결하여 철근을 파지하는 방식이다. 해외에서는 종종 사용되는 방식이나 제품의 단가와 다수의 볼트를 체결하는 어려움 때문에 시공성이 좋지 않아서 국내 건설시장에서는 많이 쓰이고 있지 않다. 그래서 국내 특허의 출원 수도 1999년부터 2020년까지 총 8개로 많지 않다. 하지만 향후 시공성의 개선 혹은 단가 절감이 가능한 기술의 발전이 있다면 국내에서의 사용이 증가할 수 있기 때문에 대표적인 몇 가지 특허들을 살펴보도록 하겠다.

(1) 철근 마디와 리브에 호환되는 홈을 가진 볼트 체결식 커플러

특허출원번호: 10-1999-0052486

발명의 명칭: 철근 이음구

핵심기술 요약: 이 특허는 커플러 몸체 내부에 철근을 삽입 후 일렬로 된 다수개의 볼트를 체결하여 철근 이음을 하는 종래의 볼트 체결식 커플러와 같은 원리를 가진다. 하지만 볼트 삽입부 반대쪽에 철근을 파지할 수 있는 쐐기 혹은 홈이 필요한데 이 특허에서는 쐐기를 사용하는 대신 철근의 마디와 리브 형상에 호환되는 홈이 형성되어 있다.

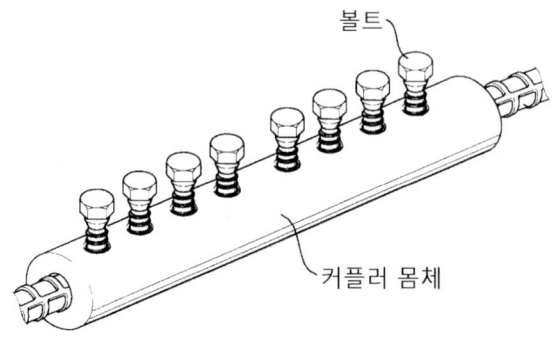

철근 마디와 리브에 호환되는 홈을 가진 볼트 체결식 커플러 철근 체결도

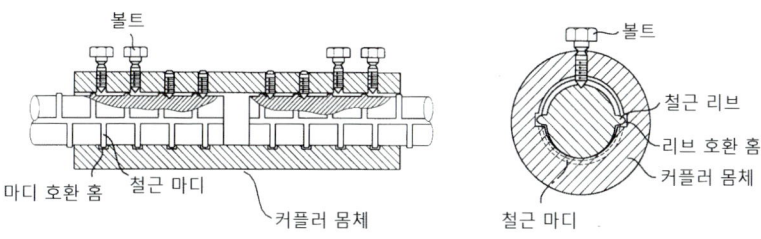

철근 마디와 리브에 호환되는 홈을 가진 볼트 체결식 커플러 종단면도(좌), 횡단면도(우)

필자의 의견

현재 해외에서 판매되고 있는 대부분의 볼트 체결식 커플러의 볼트 삽입부 반대쪽에는 쐐기 형상이 가공되어 있다. 해외 철근의 마디는 국내와 같이 대나무 형상이 아닌 경사진 피시본 형상이기 때문에 쐐기 형상이 가장 적합할 것으로 판단된다. 하지만 이 특허는 국내 혹은 대나무 마디 철근을 사용하는 국가 전용 볼트 체결식 커플러이다. 철근 마디 형상에 호환되는 홈을 커플러에 직접 가공하여 철근을 이 홈에 안착시킨 후 볼트 체결을 하는 것이다. 이론적으로 보았을 때는 쐐기 형상보다 완전히 안착되는 철근 마디 호환 홈이 더 효율적일 것으로 보인다. 하지만 실제로는 철근의 마디 간격과 두께가 모두 제각각이기에 이에 호환되는 홈을 가공함은 쉽지 않을 것이다. 만약 하나의 철근에 맞춰서 가공을 한다면 이 방식이 일반적인 볼트 체결식 커플러보다 더 안정적인 인장력을 가질 수 있을 것이다.

(2) 2점 접촉을 하는 볼트 체결식 커플러

특허출원번호: 10-2002-0059077
발명의 명칭: 콘크리트 보강용 이형봉강의 이음용 커플러

핵심기술 요약: 이 특허도 앞선 특허에서와 같이 쐐기 톱니가 철근을 파지하는 구조이지만 쐐기 톱니가 2열로 이루어졌다. 또한 2열로 이루어진 쐐기 면이 원형으로 이루어진 것이 아니라 직선으로 이루어져 있다. 커플러 몸체의 단면을 보면 원형으로 이루어진 볼트 체결부와 2개의 직선으로 이루어진 쐐기 톱니부가 결합된 부채꼴 형상이다. 2점 접촉이기 때문에 하나의 쐐기 톱니부로 이루어진 것보다 철근 접촉 단면적이 넓다는 것이 장점이다.

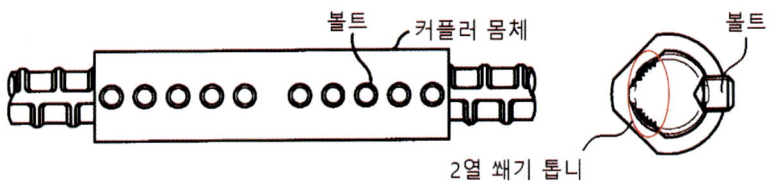

2점 접촉을 하는 볼트 체결식 커플러 철근 체결도(좌), 단면도(우)

🔨 필자의 의견

> 이 특허는 현재 판매되는 볼트 체결식 커플러와 흡사하며 1열의 쐐기 톱니가 2열로 바뀐 것이 가장 큰 특징이다. 특별하지는 않지만 독자들에게 일반 볼트 체결식 커플러 구조도 함께 설명하고자 이 특허를 목록에 추가하였다. 2열 쐐기로 접촉 단면적을 넓히면서 단면을 원형으로 유지했다면 철근의 마디와 쐐기 톱니의 접촉 단면적이 넓어지기 때문에 볼트 체결에 더 큰 힘이 들어갔을 것이다. 하지만 직선구간의 쐐기 톱니를 적용하여 접촉 단면적은 상대적으로 줄어들지만 볼트 체결의 편의성을 높인 것으로 보인다.

(3) 편체를 사용한 볼트 체결식 커플러

특허출원번호: 10-2012-0012240

발명의 명칭: 철근 연결용 커넥터

핵심기술 요약: 이 특허에서 커플러 몸체의 내부 한쪽에는 일반적인 볼트 체결식 커플러와 같이 쐐기 톱니가 형성되어 있다. 반대쪽은 볼트를 체결할 수 있는 볼트 체결부가 있는데 이 볼트가 철근을 바로 파고들어 가는 것이 아니라 철근과 커플러 사이에 편체를 넣어 편체를 조여 주는 역할을 한다. 편체의 철근과 맞닿는 면은 쐐기 톱니가 형성되어 있으며 결국 볼트 조임에 의해 편체가 쐐기 톱니로 철근을 파지하게 되는 구조이다. 이 특허의 체결되는 볼트 개수는 양측 철근당 한 개씩이다. 특허상에는 상대적으로 작은 볼트 체결로 작업의 편리성이 장점이라고 기재되어 있다.

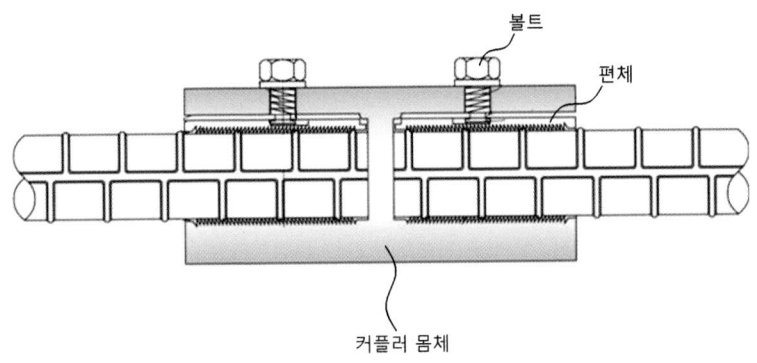

편체를 사용한 볼트 체결식 커플러 횡단면도

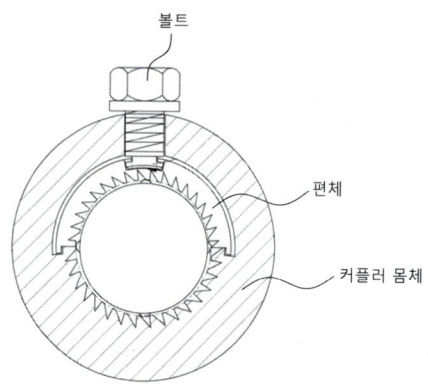

편체를 사용한 볼트 체결식 커플러 볼트부 종단면도

 필자의 의견

이 특허는 일반적인 볼트 체결식 커플러의 단점인 볼트 체결수를 줄여서 시공성을 높이고자 하였다. 또한 편체가 사용됨으로써 부재가 추가되었지만 커플러의 길이가 현저히 줄어들면서 제품화하였을 때 가격 또한 저렴할 것으로 보인다. 하지만 볼트가 철근을 파고들어 가는 단면적에 비해 편체의 쐐기 톱니 단면적이 훨씬 크기 때문에 철근을 파고들려면 그만큼 더 큰 볼트 조임력이 필요할 것이다. 개인적으로 볼트 한 개로 철근의 인장력을 견딜 만큼 철근을 파고들어 가는 것은 쉽지 않을 것이라 생각한다. 만약 이 특허가 제품화되어 충분한 인장력과 기타 필요한 시험에 합격할 수준이 된다면 상품화 가치가 있을 것이다.

볼트 체결식 커플러는 국내에서 사용되는 빈도가 적은데 그중에서 사용되는 제품은 대부분 가장 일반적인 일렬의 볼트가 삽입되어 철근을 파지하는 방식이다. 획기적인 특허가 출원되어 제품화되기 전까지는 국내의 볼트 체결식 커플러 사용률을 크게 증가하지는 않을 것으로 보인다.

이렇게 여러 종류의 커플러를 특허를 통해 알아보았다. 이 외에도 그라우트 슬리브 커플러, 강관 압착식 커플러, 분류할 수 없는 현장 체결식 커플러 등이 있었는데 특별한 기술적 진보나 도움이 될 만한 정보가 없어서 생략하였다. 이번 장의 간단한 특허 분석을 통해 독자들의 각 커플러에 대한 이해도가 높아졌기를 바란다.

VI.
철근 커플러 선정 시 검토 사항

앞서 특허를 통해 다양한 철근의 기계적 이음을 살펴보았는데 이번 장에서는 건설 현장에서 커플러를 선정하여 사용하고자 할 때 국내에서 주로 사용되는 철근 커플러를 위주로 어떤 점을 검토하여 사용해야 하는지 알아보고자 한다.

1. 자재 승인 전 공통 확인 사항

1) 필요 시험 항목 합격 여부

철근 커플러의 필요 시험 항목은 한국산업표준(KS), 건설기술진흥법의 설계 및 시공 기준, 국토교통부의 건설공사 품질시험 기준에 따라 결정된다. 건설기술 진흥법의 설계 기준에서는 인장강도 시험, 시공 기준에서는 인장강도 시험과 잔류변형량 시험(정적 시험 내), 그리고 국토교통부의 건설공사 품질시험 기준에서는 시공 기준과 마찬가지로 인장강도 시험과 잔류변형량 시험을 하도록 되어 있다. 커플러에 대한 한국산업표준은 없으나 커플러의 시험 항목에 대한 한국산업표준 'KS D 0249 철근콘크리트용 봉강의 기계식 이음의 검사 방법'의 해설에 따르면 다음과 같이 시험하도록 적용 예가 제시되어 있다.

시험 종류	적용 예(참고)
일방향 인장 시험 저사이클 반복 시험	일반 목적
정적 내력 시험 고응력 반복 내력 시험	탄성 내진설계된 구조물의 주철근 저비탄성 내진설계된 구조물의 주철근 고비탄성 내진설계된 구조물의 소성힌지 구역 외의 주철근
고응력 인장 압축 반복 시험	고비탄성 내진설계된 구조물의 소성힌지 구역 주철근
저온 인장 시험	LNG 등 특수 환경
고사이클 피로 시험	철도 및 교량 구조물

이러한 기준에 따라 현장에 맞는 시험 항목을 찾아 현장 시험을 해야 한다. 하지만 현장 시험 전 확인용으로 커플러 공급업체의 해당 시험의 합격 여부와 합격 시 그 시험의 성적서를 확인이 선행되는 것이 바람직하다.

2) 커플러의 치수

커플러의 치수를 확인하는 것도 중요한데, 이 목적은 자재 승인 전과 현장 반입 후 각각 다르다. 먼저 자재 승인 전의 치수 확인은 커플러의 길이, 폭이 중요한데 이는 철근 배근 시 순 간격과 피복 두께 산정, 그리고 철근을 동일선상에 일렬로 배치하는 온수 이음(몰조인) 또는 지그재그, 계단식 등의 배치를 하는 반수 이음을 하는지에 대한 결정에 중요하기 때문이다.

순 간격이란 철근 표면부터 인접 철근의 표면까지의 거리이다. 하지만 철근 커플러를 사용한다면 철근 커플러 표면부터 인접철근 표면까지의 거리를 순 간격으로 계산하여야 한다. 만약 한 단면에 커플러를 배치하는 온수 이음은 커플러의 폭만큼 철근의 순 간격보다 좁아지며 반수 이음은 커플러 폭의 절반만큼 순 간격이 좁아진다. 그렇기 때문에 커플러의 폭을 계산하여 순 간격에 대입 후 문제가 없도록 해야 한다. 참고로 순 간격의 기준은 기둥과 같은 축방향 부재는 40mm, 철근 직경의 1.5배, 굵은 골재 최대 치수의 4/3 중 큰 값 이상이 되어야 하며, 보와 같은 지면과 평행한 부재는 25mm, 철근 직경, 굵은 골재 최대 치수의 4/3 중 큰 값 이상이 되어야 한다.

순 간격과 더불어 피복 두께도 중요하다. 피복 두께는 콘크리트 표면과 그에 가장 가까이 배치된 철근 표면 사이의 콘크리트 두께를 뜻한다.

커플러 사용 시에는 피복 두께를 커플러 표면까지의 두께로 산정해야 한다. 일반적으로 주근을 감싸는 띠철근이 있기 때문에 띠철근 표면부터 콘크리트 표면까지의 거리 혹은 커플러 표면부터 콘크리트 표면까지의 거리를 비교하여 더 작은 수치가 피복 두께가 된다. 일반적인 경우(프리스트레스하지 않는 부재의 현장치기 콘크리트) 피복 두께의 최소 기준은 다음과 같다.

수중에서 치는 콘크리트			100mm
흙에 접하여 콘크리트를 친 후 영구히 흙에 묻혀 있는 콘크리트			80mm
흙에 접하거나 옥외의 공기에 직접 노출되는 콘크리트		D29 이상의 철근	60mm
		D25 이하의 철근	50mm
		D16 이하의 철근, D16 이하의 철선	40mm
옥외의 공기나 흙에 직접 접하지 않는 콘크리트	슬래브, 벽체, 장선	D35 초과하는 철근	40mm
		D35 이하인 철근	20mm
	보, 기둥		40mm
	쉘, 전판부재		20mm

마지막으로 커플러 간 축방향 이격거리를 정할 때 커플러의 길이가 검토될 수 있다. 철근 이음의 종류에는 압축 이형철근, 인장 이형철근으로 나뉜다. 여기서 압축 이형철근은 압축력이 주요한 구간에 사용되는 철근이며, 인장 이형철근은 인장력이 주요한 구간에 사용되는 철근이다. 인장 이형철근은 다시 A급 이음과 B급 이음으로 나뉜다. A급 이음은 구조해석 결과 필요한 철근량의 2배 이상을 현장에서 배근하고 한 단면에서 겹침 이음이 50% 이하일 경우이며, B급 이음은 A급 이음에 해당하지 않는 모든 경우이다. 실질적으로 현장에서 필요 철근량의 2배 이상을 배근하는 경우는 극히 드물기 때문에 대부분이 B급 이음이다. 철근 이음에서

커플러 이음의 수직 방향 이격거리 기준은 압축 이형철근에는 해당 사항이 없다. 즉, 압축 이형철근은 온수 이음(몰조인)을 하여도 된다. 하지만 인장 이형철근 중 B급 이음에서 축방향에 대한 이격거리 기준이 있으며 이는 다음과 같다.

> 기계적 이음은 가능한 경우 이음 위치를 축방향으로 서로 어긋나게 하여 동일 단면에 집중되지 않도록 하여야 하며, 공사감독자 또는 책임기술자는 시공성을 고려하여 엇갈림 길이를 정할 수 있다.

콘크리트 구조 정착 및 이음 설계 기준 2022

B급 이음에서 가능하면 커플러의 이음을 축방향으로 서로 어긋나게 해야 하므로 커플러 길이를 고려하여 엇갈림 길이를 산정할 수 있을 것이다. 참고로 A급 이음은 750mm 이상 떨어져서 서로 엇갈리게 해야 한다.

3) 커플러의 작동 원리

커플러를 선정하기 전 어떻게 시공을 하는지 확인하는 것도 중요하다. 이는 제품의 시방서를 통해 대부분 확인이 가능한데 시공 방법에 따라 현장 적용이 힘든 경우가 있다. 예를 들어 일반적인 나사 커플러는 철근을 회전하여 시공하는데 'L' 형상의 굴곡진 철근의 정착과 같이 철근의 방향성이 있는 철근은 회전 시 방향이 바뀌게 되므로 사용이 불가능하다. 또한 커플러 사용 시 볼트 체결 커플러와 같이 대형 공구가 필요하다면 공구의 폭 등을 고려해 작업이 가능한지 여부를 판단해야 한다. 기타 철근 커플러의 작동 원리를 알게 되면 시공의 편의성이 어느 정도인지 알 수도 있으므로 경제성 비교에도 효과적일 것이다.

2. 나사 커플러 적용 시 확인 사항

1) 자재 승인 전 확인 사항

나사 커플러는 상기 기재한 공통 확인 사항에 더불어 재질을 확인하는 것이 좋다. 국내에서 일반적으로 사용되는 나사 커플러 재질은 SM20C 혹은 SM45C와 같은 탄소강이 사용되는데 재질에 따른 강도의 변화가 있을 수 있다.

2) 현장 반입 후 확인 사항

나사 커플러의 현장 반입 후 확인 사항은 공급원 승인서에 기재된 치수, 재질과 납품된 제품의 치수, 재질이 서로 일치하는지 확인해야 한다. 또한 나사 커플러와 함께 입고되는 나사 가공이 된 철근의 가공 상태, 치수도 확인하는 것이 바람직하다. 간혹 나사산에 흠집이 있거나 정상적인 가공이 되지 않았을 경우 체결이 어려워지거나 인장강도가 떨어질 우려가 있기 때문이다. 치수를 측정하여 확인할 수도 있지만 커플러와 철근을 체결해 봐서 헐거움 여부를 확인하는 방법도 있다.

3) 시공 시 확인 사항

나사 커플러의 시공 시 확인 사항은 철근의 체결 길이와 파이프렌치 조임 여부이다. 나사 커플러의 중앙부에 일정 길이 이상 철근이 진입하지 못하도록 되어 있다면 문제가 없겠지만 일반적인 나사 커플러는 암나사가 관통되어 있어서 철근이 중앙을 넘어서 체결될 가능성이 있다. 이때, 한쪽 철근은 체결 길이 부족으로 인장강도가 저하될 것이다. 또한 나사 커플러는 시공자가 손으로 조인 후 파이프렌치와 같은 공구를 사용하여 한 번 더 조여 줘야 하므로 공구 조임을 하였는지 확인하는 것이 필요하다.

3. 원터치 철근 커플러 적용 시 확인 사항

1) 자재 승인 전 확인 사항

대부분의 현장 체결식 커플러와 마찬가지로 원터치 커플러는 시험 항목 중 잔류변형량을 만족할 수 없다. 그렇기 때문에 합격 가능한 시험 항목을 알아보고 현장에 사용이 가능한지 확인하는 것이 우선일 것이다. 자재 승인 전 확인해야 할 사항들은 다음과 같다. 먼저 철근의 인입이 될 수 있는 커플러의 입경[4]을 확인한다. 대부분의 원터치 커플러 사용 현장에서는 철근의 단면을 톱 절단 등과 같이 말끔하게 가공하지 않기 때문에 버(Burr)가 발생한다. 이를 수용하기 위해서는 인장강도가 확보되는 선에서 입경이 클수록 유리할 것이다. 그리고 앞서 기재한 커플러의 외경을 확인하는 것이 중요한데 나사 커플러와 비교하여 원터치 커플러는 외경이 크기 때문에 배근 간격과 피복 두께 확보에 영향을 끼칠 확률이 높기 때문이다. 마지막으로 철근의 체결 확인 수단의 유무를 확인한다. 철근을 삽입한 후 철근의 체결이 잘 되었는지 확인할 수 없다면 커플러에 들어가는 삽입 길이만큼 철근에 표시를 하여 시공 시 매번 확인해야 할 것이다.

2) 현장 반입 후 확인 사항

원터치 커플러의 현장 반입 후 확인 사항은 나사 커플러와 마찬가지로

---

4. 입경: 철근이 삽입되는 커플러 입구의 직경

공급원 승인서상 치수, 재질과 납품된 제품의 치수, 재질이 일치하는지 확인하는 것이다.

3) 시공 시 확인 사항

　원터치 커플러는 철근의 모든 이음법 중에서 시공 방법이 가장 간단하다. 하지만 시공 시 몇 가지 확인해야 할 사항들이 있다. 원터치 커플러를 사용하는 현장에서는 유압 절단된 철근을 그대로 사용하기 때문에 철근 단면의 버(Burr) 부위를 육안으로 확인해야 한다. 철근 단면의 휨과 같은 변형이 너무 심하면 철근 삽입 시 시공 불량이 발생할 우려가 있으므로 일정 이상의 철근 단면의 변형은 그라인더로 제거하는 것이 바람직하다. 정확한 체결 확인은 철근의 삽입 깊이를 통해 알 수 있는데 앞서 설명하였듯이 삽입 깊이 확인이 가능한 커플러를 사용한다면 커플러 삽입 후 철근이 중앙부까지 들어갔는지 확인해야 하며 삽입 깊이 확인이 불가능한 커플러를 사용할 때에는 미리 철근에 커플러 삽입 깊이만큼 표시를 하여 시공해야 한다.

4. 마디 편체 현장 체결식 커플러 적용 시 확인 사항

1) 자재 승인 전 확인 사항

　마디 편체 현장 체결식 커플러 또한 일반적인 이형철근을 가공 없이 사용하기 때문에 합격 가능한 시험 항목을 확인이 필요하다. 이 커플러는 철근의 대나무 마디 형상에 호환된 커플러이기 때문에 시중의 나선형 철근 또는 수입 철근 중 마디가 경사진 피시본 형상 또는 다이아몬드 형상의 철근에는 적용할 수 없다. 그러므로 철근 호환성을 먼저 따져 보는 것이 우선일 것이다. 또한 철근의 정보가 기입된 롤링 마크부는 대부분의 마디 편체에 체결이 불가능하다. 그러므로 롤링 마크부를 절단하고 시공해야 할 수 있으므로 이를 고려하여 현장 적용을 해야 할 것이다.

2) 현장 반입 후 확인 사항

마디 편체 현장 체결식 커플러 또한 규격 내 치수, 재질과 납품된 제품의 치수, 재질이 일치하는지 확인해야 한다. 그리고 마디 편체와 현장의 철근에 호환되는지 검토를 위해 편체를 철근 마디에 위치시켜 문제가 없는지 확인해야 한다.

3) 시공 시 확인 사항

국내에서 판매되는 마디 편체 현장 체결식 커플러는 구조가 각각 다르다. 그렇기 때문에 시공 방법 또한 다른데 나사 커플러, 원터치 커플러와 달리 시공 방법이 상대적으로 복잡하다. 시공 오류 발생을 줄이기 위해 시방서의 시공 방법을 정확히 숙지한 후 커플러 체결을 해야 할 것이다. 시공 후 확인해야 할 사항은 다음과 같다. 마디 편체 현장 체결식 커플러 중 크게 양측의 철근이 맞닿는 제품, 그리고 맞닿지 않는 제품으로 분류된다. 철근이 맞닿지 않는 경우는 편체가 일정 면적 이상 슬리브 또는 커플러 몸체에 체결되었는지 확인해야 하며, 철근이 맞닿는 경우에는 편체 체결 확인과 더불어 철근의 접촉 여부를 추가로 확인해야 한다. 제품이 규격화되어 있지 않기 때문에 확인 사항이 더 있을 수 있는데 이는 시방서를 면밀히 살펴야 할 것이다.

5. 나사마디 철근 커플러 적용 시 확인 사항

1) 자재 승인 전 확인 사항

나사마디 철근 커플러는 철근 제조 시 이미 커플러 사용을 전제로 하고 있기 때문에 철근과 커플러를 한 세트로 보아야 한다. 국내에서 제조되는 나사마디 철근은 제강사별로 형상이 각기 다르기 때문에 먼저 제강사에 호환되는 철근 커플러인지 우선 확인해야 한다. 또한 현장 반입 전 단순히 철근을 커플러에 돌려 체결함으로 작업을 끝낼 것인지 그라우트 주입을 추가로 할 것인지 결정하여 현장 시공성을 검토해야 한다. 또한 나사마디 철근은 철근 단부가 직각절단이 되지 않을 시 철근이 커플러에 초기 인입이 안 될 수 있으므로 제강사에서 직각절단을 추가 작업하거나 철근 가공 공장에서 직각절단 공정을 거쳐 현장 반입이 되어야 할 것이다. 그렇지 않고 현장 반입 시 철근 단부를 그라인딩하는 번거로움이 들 수 있다.

2) 현장 반입 후 확인 사항

나사마디 철근 커플러의 현장 반입 후 확인 사항은 규격 내 치수, 재질과 납품된 제품의 치수, 재질이 일치하는지 확인해야 한다. 특히 철근 커플러 내측 나사 홈 부위의 치수 측정이 중요한데 이는 나사가 헐거우면 시공은 편리해지지만 강도가 떨어지기 때문이다.

3) 시공 시 확인 사항

나사마디 철근 커플러의 시공 시 확인 사항은 철근의 체결 길이와 파이프렌치 조임 여부, 그리고 그라우트 충진 시 완전 충진 여부이다. 일반적인 나사마디 철근 커플러는 나사 커플러와 마찬가지로 암나사가 관통되어 있어서 철근이 중앙을 넘어서 체결될 가능성이 있다. 그렇기 때문에 철근이 중앙에서 서로 맞닿는지 확인이 필요하다. 또한 파이프렌치와 같은 공구를 사용하여 한 번 더 조임하였는지 확인해야 한다. 마지막으로 그라우트 충진 시 수직근에서는 주입부의 하부 측으로 주로 그라우트가 흐르기 때문에 커플러 내부에 전체적으로 충진이 되었는지 확인해야 한다.

6. 볼트 체결식 커플러 적용 시 확인 사항

1) 자재 승인 전 확인 사항

볼트 체결식 커플러는 2024년 기준 현재까지 국내에서 사용되는 빈도가 매우 낮으나 몇몇 현장에서 승인을 받아 사용되는 것으로 보인다. 국내 철근 커플러의 품질 기준이 강화되면서 볼트 체결식 커플러의 적용이 조금은 늘어날 수 있을 거라 생각한다. 국내에서 볼트 체결식 커플러 생산 업체가 극히 드물기 때문에 대부분 수입 자재를 사용하는데 먼저 KS 규격 철근에 사용이 가능한 제품인지 확인해야 한다. 또한 최근 늘어나는 SD600 혹은 SD600S(내진용) 철근에 부합하는 인장강도 시험을 해야 할 것이다. 현장의 시공성 확인을 위해 볼트 체결 방식을 미리 정해야 할 것이며 만약 대형 공구를 사용하게 된다면 앞서 설명했듯이 현장에서의 작업이 가능한지 여부를 확인해야 한다.

2) 현장 반입 후 확인 사항

볼트 체결식 철근 커플러의 현장 반입 후 확인 사항은 기타 커플러와 마찬가지로 규격 내 치수, 재질과 납품된 제품의 치수, 재질이 일치하는지 확인해야 한다.

3) 시공 시 확인 사항

일반적인 볼트 체결식 커플러는 토크쉐어 방식의 볼트를 사용한다. 토크쉐어 볼트란 일정 강도 이상 볼트를 조임하면 볼트 머리가 분리되는 방식인데 이를 통해 균일한 조임력을 확보할 수 있다. 먼저 다른 커플러와 마찬가지로 철근과 철근이 맞닿는지와 커플러 중앙에 철근이 배치되는지 확인이 필요하다. 또한 커플러 내부 볼트 반대쪽의 철근을 파지하는 쐐기 톱니가 있는데 시방서에 철근의 파지 방향이 기재되어 있다면 이를 따라야 할 것이다. 그 후 볼트를 철근에 체결하는 과정에서 모든 볼트 머리부가 분리되었는지 확인하면 된다.

VII.
철근 커플러 시장 규모와 동향

1. 철근 이음의 미래

철근의 이음 중 가장 전통적인 이음은 겹침 이음이다. 철근의 출현과 동시에 겹침 이음은 시작되었으며 아직까지도 국내에서는 널리 사용되고 있다. 하지만 과연 향후에도 겹침 이음이 가장 대표적인 철근 이음이 될 수 있을까? 안타깝게도 겹침 이음은 치명적인 단점을 가진다. 피복인 콘크리트가 무너지면 철근의 이음력이 상실된다는 것이다. 그렇기 때문에 내진 기준이 나날이 강화되는 현시대에서 겹침 이음의 사용은 품질을 고려한다면 줄어들 수밖에 없을 것이다. 품질의 강화가 아닌 다른 측면에서도 겹침 이음의 쇠퇴를 예상할 수 있다. 국내 건설 시장에서 아직까지 가장 중요한 건 안타깝게도 가격이다. 그리고 이에 부합하는 가장 저렴한 철근 이음은 겹침 이음이었다. 하지만 시대의 흐름상 철근 커플러를 사용하는 것이 품질 강화는 물론 비용 절감에서도 겹침 이음을 앞지르고 있다. 직접적인 이유는 철근의 고강도화이다. 2000년 초반에만 해도 건설 현장에서 가장 많이 사용되는 철근은 SD300 또는 SD400 철근이었다. 이는 철근의 규격 항복강도가 300MPa 또는 400MPa라는 것이다. 이 당시 SD500 철근은 찾아 보기 힘들었다. 하지만 지금은 토목공사를 제외한 현장에서는 오히려 SD400을 찾아 보기 힘들다. SD600 철근을 사용하는 현장이 늘어나며 SD600 철근만으로도 부족한지 2022년부터 SD600S 등과 같은 더 강화된 내진용 철근의 수요가 급증하고 있다. 또한 건축물의 고층화, 대형 건축물의 증가로 사용되는 철근의 직경이 커지고 있다. 이 또한 커플러가 겹침 이음 대비 비용 절감을 할 수 있는 요소다. 겹침 이음은 철근의 사이즈가 커질수록 겹침 이음 길이가 증가하기 때문에 커플러가 더 경제적이다. 이러한 이유로 향후 겹침 이음보다 철근 커플러의 수요가 더 늘어날 것이다.

2. 전 세계 철근 커플러의 시장 규모와 동향

한국과학기술정보연구원에서 조사한 전 세계 철근 커플러의 시장 규모와 동향은 다음과 같다. 철근 커플러는 나사산을 가공해 연결하는 테이퍼 나사식(Tapered Thread Type)과 평행 나사식(Parallel Thread Type)이 보편적으로 많이 사용되며, 철근을 별도로 가공하지 않고 철근의 외부 돌기에 고정시켜 결합하는 볼트 체결식 커플러 MBT(Mechanically-Bolted Type)도 일부 사용된다. 특수 커플러로 내부에 모르타르 등을 주입하는 그라우트식(Grout Type)도 구조물의 설계가 고도화되면서 사용량이 증가하고 있다. 기타 현장에서 별도의 도구 없이 바로 체결이 가능한 원터치 커플러도 존재하지만 전 세계 시장에서 보편화되고 있지는 않다. 철근 커플러는 생산공정이 단순해 소규모의 시설 투자로 쉽게 진입할 수 있고, 원재료의 수입 비중이 높아서 원자재 가격에 큰 영향을 받는 산업적 특징을 갖는다. 철근 커플러로 고부가가치를 창출하기 위해서는 해외 수출이나 고도 기술이 요구되는 현장에 납품해야 하는데, 이를 위해서는 매우 높은 수준의 인장, 항복, 잔류변형 시험을 통과해야 한다. 즉, 철근 커플러 시장은 진입하기 용이하지만 고부가가치를 창출하기 어려운 시장이라고 할 수 있다.

철근 커플러의 세계 시장 규모는 2022년 711.78백만 달러에서 연평균 4.04%로 성장해 2027년 867.82백만 달러가 될 것으로 전망된다. 구조에 따라 테이퍼 나사식, 평행 나사식, MBT, 그라우트식으로 구분되는 철근 커플러의 시장에는 현장에서 바로 체결하는 방식과 특수 도구를 활용해 미리 체결하는 방식이 모두 포함되어 있다. 전 세계적으로는 테이퍼 나사식이 2022년 기준 전체 시장에서 32.76%로 가장 큰 비중을 차지하고 있다. 철근을 가공하지 않고 사용하는 볼트 체결식 커플러와 그라우트식 커플러도 비중이 꽤 큰데, 이는 나사식 커플러 대비 가격이 비싸기 때문에 실질적으로 사용되는 규모는 더 낮을 것으로 예상된다.

구분	2022	2023	2024	2025	2026	2027	CAGR(%)
테이퍼 나사식	233.15	237.86	245.28	257.62	271.67	280.06	3.73
평행 나사식	211.03	216.71	221.84	230.68	239.27	246.53	3.16
MBT	184.34	192.93	201.9	210.85	221.64	232.12	4.72
그라우트식	83.26	88.05	92.8	97.71	103.48	109.11	5.56
계	711.78	733.55	761.82	796.86	836.06	867.82	4.04

철근 커플러 세계 시장 규모 예측[5]

철근 커플러 시장에는 세계적으로 매우 많은 경쟁업체가 존재하며, 2021년 매출액 기준으로 상위 5개 기업을 선별하면, 엔벤트(nVent)와 덱스트라 그룹(Dextra Group), 도쿄철강(Tokyo Tekko), 페이코 그룹(Peikko Group), 그리고 테르와(Terwa)가 있다. 상위 5개 기업의 시장 점유율은 2021년 기준으로 23% 수준이며, 세계 시장에서 1%가 넘는 점유율을 가진 기업은 씨알에이치(CRH)까지 총 6개로 나타났다. 다시 말해 철근 커플러 시장은 점유율 1% 미만의 영세한 기업들이 치열하게 경쟁하는 시장이라고 할 수 있다.

---

5. ①"Global Rebar Coupler Market Research Report", QYResearch, 2021. ②"철근 커플러 시장 분석—중소벤처 1기업 1핵심기술 정보제공 사업", KISTI, 2021. 12.

구분	2019	2020	2021
엔벤트	7.08	6.97	7.02
덱스트라 그룹	6.59	6.67	6.59
도쿄철강	4.40	4.42	4.39
페이코 그룹	3.36	3.35	3.36
테르와	1.67	1.70	1.74
씨알에이치	1.62	1.61	1.61

철근 커플러의 업체별 세계 시장점유율[6]

최상위 시장점유율을 보유한 영국의 엔벤트는 전 세계 130개 이상의 지역에 9,400명으로 구성된 전담팀과 엔벤트 캐디(nVent CADDY), 에리코(ERICO), 호프만(HOFFMAN), 레이켐(RAYCHEM), 슈로프(SCHROFF), 트레이서(TRACER) 등과 같은 신뢰할 수 있는 브랜드를 보유한 기업이다. 철근 커플러는 엔벤트 렌톤(nVent LENTON)이라는 브랜드로 출시되어, 다양한 종류의 표준 커플러와 특수 커플러를 판매 중이다. 철근 커플러와 관련하여 엔벤트의 세계 시장점유율은 2021년 기준 7.02%로 조사되었다. 덱스트라 그룹은 1983년에 프랑스 기업가에 의해 설립된 태국에 본사를 두고 있다. 그리고 전 세계적으로 900명 이상의 직원을 두고, 3개소에서 제품을 제조하며, 계열사 및 파트너 네트워크를 통해 55개국 이상에서 10,000개 이상의 주요 건설 및 산업 프로젝트에 참여하고 있다. 덱스트라 그룹은 나사식 커플러를 주력으로 하며 세계 시장점유율은 2021년 기준 6.59%로 조사되었다. 도쿄철강은 1939년 6월에 창업한 회사로서 일본 도치기현 오야마시에 본사를 두고 해외 진출을 적극 추진해 2013년에 한국 현지 법인을 설립하였다. 2015년에 해외개발부를 신설하였고, 대만 및 싱가폴 진출을 목표로 사업을 진행하고 있다. 도쿄철강의 주력 제품은 나사식과 그라우트식

---

6. "Global Rebar Coupler Market Research Report 2021", QYResearch, 2021 참조 KISTI 재구성

이며, 최근 국내에도 나사철근과 함께 그라우트 충진을 하는 나사철근 커플러를 일부 현장에 납품 중이다. 도쿄철강의 철근 커플러 세계 시장점유율은 2021년 기준 4.39%로 조사되었다. 테르와는 1995년에 설립되어 건설 및 프리캐스트 산업을 위한 금속 부품을 생산하는 기업으로 네덜란드에 본사를 두고 있다. 테르와는 나사식 커플러, 특수 커플러 등의 다양한 철근 커플러를 제공하고 있으며 세계 시장점유율은 2021년 기준 3.36%로 조사되었다.

3. 국내 철근 커플러 시장 규모와 동향

국내 철근 커플러 시장을 분석하기 전에 국내 제강사의 2022년 철근 생산일정표를 통해 철근 이음 시장의 규모를 예측해 보자. 철근가공업협동조합에서 제공하는 제강사의 철근 생산일정을 토대로 자료 분석을 한 결과 2022년 철근 생산량은 약 989만 톤이다. 제조되는 철근의 종류는 D10부터 D51까지 다양하며 사이즈별 예상되는 연간 생산량은 D10이 260만 톤으로 전체 철근 생산량의 약 26%를 차지하며, D13은 203만 톤(21%), D16은 127만 톤(13%), D19는 118만 톤(12%), D22는 139만 톤(14%), D25는 88만 톤(9%), D29는 27만 톤(2.7%), D32는 27만 톤(2.7%)이며 D35 이상은 1% 미만이다.

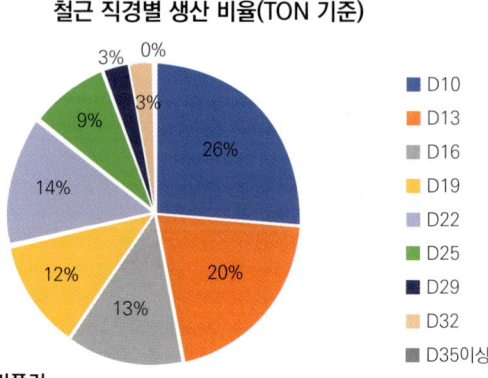

이렇게 산출된 비율로 철근 이음의 수를 개략적으로 추정해 볼 수 있다. 일반적으로 사용되는 주근 철근의 길이는 4~8m이며 평균치인 6m로 절단함을 가정하였다. 그리고 사이즈별 생산량인 무게를 철근의 단중으로 나누어 준 후 6m의 이음 길이로 한 번 더 나누면 철근 이음 수가 나온다. 그렇게 계산된 철근의 이음 수는 D10은 6억 9,400만 개로 전체 이음 수의 53%이며, D13은 3억 400만 개(23%), D16은 1억 2,100만 개(9%), D19는 7,800만 개(6%), D22는 6,900만 개(5%), D25는 3,300만 개(2.5%), D29는 800만 개(0.6%), D32는 640만 개(0.5%)이다.

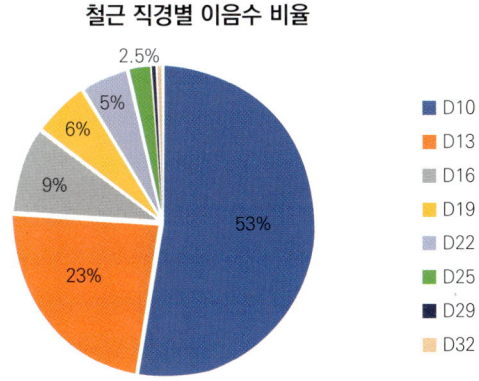

철근 직경별 이음수 비율

이 수치는 작은 직경의 철근에서 띠철근 등 가공 철근과 정착근과 같이 이음이 필요치 않는 수량이 포함되지 않았으므로 실제 이음 수는 더 작을 것으로 예상된다.

전체 철근의 이음 개수 중 85%가 D10, D13, D16의 소구경 철근임을 알 수 있다. 앞서 설명하였듯이 소구경 철근은 이음 비용이 저렴하기 때문에 대부분 겹침 이음을 하는데 이 데이터를 보면 국내 이음 중 겹침 이음이 아직까지 가장 많이 사용되는 이유를 알 수 있다. 이제 본론으로 넘어와서 국내 커플러 시장에 대해서 알아보자.

국내 커플러 시장은 전 세계 커플러 시장과 차이점이 있다. 해외의 테이퍼 나사식 커플러 대신 국내에서는 대부분 평행 나사식, 즉 일반적인 나사 커플러가 사용된다. 그리고 볼트 체결식 커플러, 그라우트식 커플러를 대신하여 대부분 원터치 방식의 커플러가 사용되고 있다. 앞선 QYResearch의 'Global Rebar Coupler Market Research Report'에 따르면 한국의 커플러 2022년 기준 시장 규모는 13.65백만 달러로 약 180억 원이다. 이 수치는 국내 커플러의 수량에 세계 평균 단가를 곱하여 시장을 산출한 결과라고 하였는데 실제 국내 커플러 시장 규모에 못 미치는 수치로 조사되어 있다. 국내 철근 커플러 시장은 많은 업체들이 경쟁하고 있는데 그중 2022년 매출액 기준으로 상위 5개 기업을 선별하면, ㈜부원비엠에스, 한성정밀공업㈜, ㈜원원개발, ㈜알오씨, 그리고 ㈜정우비엔씨가 있다. 이 5개 업체 중 원터치 커플러가 주 품목인 ㈜알오씨를 제외하면 모두 나사 커플러가 주 품목이다. 그 외의 납품 실적이 거의 없는 소규모 업체들을 제외한 20개 업체 자료를 분석하였다. (업체 리스트: ㈜부원비엠에스, 한성정밀공업㈜, ㈜원원개발, ㈜알오씨, ㈜정우비엔씨, 리우스틸산업, ㈜호창메탈, ㈜한성스틸산업, 준성산업, ㈜태화화스너, ㈜오케이글로벌, ㈜웰시스메탈, ㈜유성커플러, 건코리아㈜, ㈜현대커플러, 현대금속산업㈜, ㈜한성스틸, ㈜엔씨커플러, 베스트커플러㈜, ㈜삼보엔지니어링)

먼저 2018년부터 2022년까지 국내 커플러 시장점유율을 살펴보자.

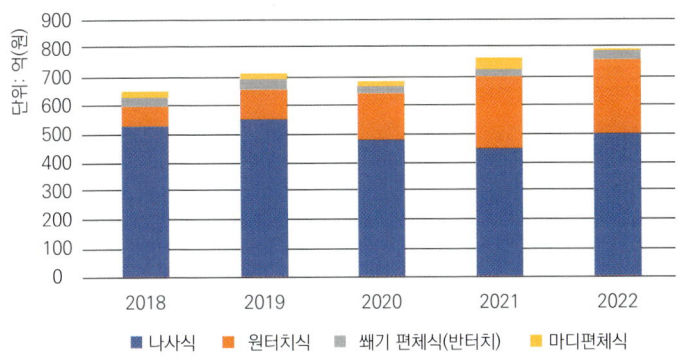

2018-2022 국내 철근 커플러 시장 점유율

전체 철근 커플러 시장 규모는 2018년 약 650억 원에서 2022년 800억 원으로 조금씩 성장하고 있다. 나사 커플러의 국내 시장 규모는 2018년부터 2022년까지 큰 폭의 변화 없이 연간 약 500억 원을 이루고 있다. 국내도 해외 시장과 마찬가지로 몇몇 업체에 수요가 집중되지 않고 소규모 제조업체가 많기 때문에 조사되지 않은 소규모의 나사 커플러 제조업체를 포함한다면 이보다 시장 규모가 커질 것으로 예상된다. 원터치 커플러는 2018년 전체 커플러 시장의 10% 정도에서 2022년 32%까지 급격한 성장을 이루었다. 쐐기 편체식과 마디 편체식은 큰 변화 없이 2018년부터 2022년까지 전체 시장에서 각각 4% 정도 규모를 차지한다.

1) 나사 커플러

조사된 나사 커플러 기업은 총 9개로 ㈜부원비엠에스, ㈜한성정밀공업, ㈜원원개발, ㈜정우비엔씨, 리우스틸산업, ㈜한성스틸산업, ㈜태화화스너, 건코리아㈜, 그리고 ㈜한성스틸이 있다. 철근 가공업을 하는 업체들 중 나사 커플러를 함께 취급하는 사례도 많다 보니 조사된 업체보다 시장 규모는 더 클 것으로 예상된다.

단위: 억(원)

구분	2018	2019	2020	2021	2022
㈜부원비엠에스	116.5	137.3	124.3	127.2	146.3
한성정밀공업㈜	111.3	104.5	54.9	57.3	70.5
㈜원원개발	59.0	58.8	53.4	59.1	62.5
㈜정우비엔씨	50.3	57.9	58.8	54.6	53.8
리우스틸산업	12.9	25.5	31.7	37.2	47.1
㈜한성스틸산업	24.3	28.0	27.8	32.2	33.8
㈜태화화스너	84.8	88.3	70.8	30.7	32.5
건코리아㈜	37.0	34.2	35.9	30.7	30.0
㈜한성스틸	26.9	18.1	22.0	18.5	23.1

　2018년부터 꾸준히 최상위 나사 커플러 시장점유율을 보유한 ㈜부원비엠에스는 1999년 설립된 나사 커플러 전문 업체이다. 자체 운영하는 철근 가공 공장과 전국적으로 40개가 넘는 대리점을 갖고 있으며 해외 또한 싱가포르, 카타르, 베트남, 호주, 그리고 뉴질랜드에 대리점을 갖고 있다. 일반적인 나사 커플러와 용접용, 정착용, 프리캐스트 커플러와 같은 특수 목적 커플러를 취급하며 현장 체결식 커플러는 편체식 커플러와 ㈜알오씨의 원터치 커플러를 함께 취급하고 있다. 한성정밀공업㈜ 또한 1981년 설립되어 긴 역사를 가진 나사 커플러 전문 업체다. 1994년부터 많은 특허를 출원하였으며 국내 철근 커플러 제조 공장과 철근 가공 공장을 운영하고 있다. 취급 품목은 일반적인 나사 커플러와 특수 목적 커플러다. ㈜원원개발은 2001년 설립된 나사 커플러 전문 업체로 철근 SHOP-DRAWING을 함께 하고 있다. 나사 커플러와 더불어 현장 체결식 커플러 중 ㈜삼보엔지니어링의 나사마디 편체식 커플러와 ㈜알오씨의 원터치 커플러를 함께 취급하고 있다. ㈜정우비엔씨는 1986년 건축용 전산볼트, 유볼트 앙카 사트타볼트 제조업으로 시작하여 현재는 전

산볼트, 일반 볼트, 나사식 커플러, 나사형 철근 커플러 등을 취급하고 있다. 2017년 나사마디를 갖는 철근에 사용되는 나사마디 철근 커플러를 이용한 선조립 공법을 현대건설, 롯데건설과 함께 공동 개발하여 신기술로 지정된 이력이 있다. 이 외의 리우스틸산업, ㈜한성스틸산업, ㈜태화화스너, 건코리아㈜, ㈜한성스틸 또한 나사 커플러 전문 업체로 특수 목적 커플러도 함께 취급하고 있다.

2) 원터치 커플러

조사된 원터치 커플러 기업은 총 8개로 ㈜알오씨, ㈜호창메탈, ㈜오케이글로벌, ㈜웰시스메탈, ㈜현대커플러, ㈜현대금속산업, ㈜엔씨, 그리고 ㈜베스트커플러가 있다. 자료는 현재까지 판매중인 기업들을 기준으로 조사하였다. 원터치 커플러는 나사 커플러와 비교하여 비교적 짧은 역사를 가지며 많은 신생 업체들이 짧은 기간 내에 생겨났다가 사라지기를 반복하여 이 업체들은 제외하였다.

단위: 억(원)

구분	2018	2019	2020	2021	2022
㈜알오씨	7.7	17.3	31.1	42.3	56.8
㈜호창메탈	22.4	16.4	20.4	36.3	40.5
㈜오케이글로벌	-	3.0	5.7	26.3	31.9
㈜웰시스메탈	-	2.5	33.0	56.5	30.4
㈜현대커플러	3.6	6.1	9.8	17.4	28.4
㈜현대금속산업	24.1	19.1	15.0	20.3	25.7
㈜엔씨	-	11.7	14.6	18.1	22.7
㈜베스트커플러	11.7	28.3	31.1	30.1	22.4

㈜알오씨는 2016년 설립된 원터치 커플러 전문 업체이며 원터치 커플러 업체 중 평균 매출액과 2022년 매출액 기준으로 가장 많은 시장점유율을 보유하고 있다. 2018년부터 매년 큰 성장세를 보이고 있으며 세 종류의 원터치 커플러와 나사 원터치 커플러, 현장 체결식 커플러, 그리고 철근 회전공구를 취급하고 있다. 15건의 특허 등록과 37건의 디자인 등록을 받은 개발에 특화된 기업이다. ㈜호창메탈은 모기업인 자동차 부품 생산 기업인 ㈜호창엠에프로부터 2018년 출범된 기업으로 주 품목인 원터치 커플러와 나사와 원터치 커플러를 혼합한 커플러, 나사 커플러, 그리고 나사마디 철근 커플러를 취급하고 있다. ㈜오케이글로벌은 2019년 설립되어 2021년과 2022년에 큰 성장을 한 원터치 커플러 전문 업체이다. 2019년 11월 원터치 커플러를 출시하였으며, 2020년 1월부터 나사 커플러를 수입하여 판매하고 있다. ㈜웰시스메탈은 철강 수출입업 기업인 ㈜스틸월드로부터 출범되어 2019년 원터치 커플러를 출시하였다. 원터치 커플러 제품군으로 4가지 종류가 있으며 특수 목적 커플러 또한 판매 중이다. 2021년 매출액이 급증하였으나 2022년 큰 폭으로 하락하였다. 나머지 업체 중 ㈜엔씨는 국내 판매는 거의 이루어지지 않으며 미국과 멕시코 수출 이력이 있다.

3) 그 외 현장 체결식 커플러

현장 체결식 커플러를 주 품목으로 취급하는 기업은 준성산업, ㈜유성커플러, ㈜삼보엔지니어링이 있다. 준성산업과 ㈜삼보엔지니어링은 마디편체 현장 체결식 커플러를 생산하며, ㈜유성커플러는 쐐기편체식 철근 커플러의 일종인 반터치 커플러를 생산한다.

단위: 억(원)

구분	2018	2019	2020	2021	2022
준성산업	4.5	5.7	10.0	30.4	-
㈜유성커플러	35.4	38.2	25.7	28.0	30.1
㈜삼보엔지니어링	16.3	15.2	7.6	8.4	7.5

　국내의 현장 체결식 커플러 시장 규모는 나사 커플러나 원터치 커플러에 비해 크지 않다. 준성산업은 2002년 설립된 기업으로 마디편체 현장 체결식 커플러가 주 품목이며 그 외의 현장 체결식 커플러의 개발 이력이 있다. 2022년 매출액은 공개되지 않았으나 2018년부터 조금씩 꾸준한 성장세를 보이며 2021년 큰 폭으로 매출액이 증가하였다. ㈜유성커플러는 반터치 커플러를 주로 취급하며 2016년 설립되었으나 기존의 유성엔지니어링에서 개발한 동일 제품을 판매하는 것으로 보아 업력은 더 오래되었다고 보아야 할 것이다. 2018년부터 큰 폭의 매출 변화는 없었다. ㈜삼보엔지니어링은 2014년 설립된 마디편체 현장 체결식 커플러를 취급하는 기업이며 추가로 나사 커플러도 함께 취급하고 있다. 매출액은 2018년부터 점차 감소하는 추세에 있다.

VIII.
철근 이음에 관한 최신 기술과 이슈

1. 철근의 고강도화와 내진 철근

요즘은 많은 업종에서 트렌드가 급변하고 있다. 물론 건설업계는 상대적으로 더딘 편이라고 하지만 철근의 수요를 보면 철근이 고강도화가 매년 체감이 될 정도로 빠르게 변하고 있다. 철근의 강도 변화는 KS 기준에서도 살펴볼 수 있는데 2016년 초고강도 철근인 SD600S(내진용)와 SD700이 'KS D 3504 철근콘크리트용 봉강'에 추가되었으며, 수요가 없는 SD350이 삭제되었다. 또한 2021년 SD700S(내진용)가 추가되었다. 이러한 철근의 고강도화는 매년 강화되는 내진설계 기준과 초고층 건축물의 증가로 인한 영향이 클 것이다. 강도 높은 철근의 사용 증가로 철근 이음 시장도 수요가 달라지고 있다. D10, D13, D16, D19의 작은 직경의 철근에서 주로 사용되는 이음법인 겹침 이음은 철근의 강도가 커질수록 겹쳐야 하는 이음 길이가 늘어난다. 즉 재료비가 늘어나는 것이다. 겹침 이음의 최대 장점인 가격의 이점이 사라지면 건설업계에서는 다른 이음법을 찾기 마련인데 대안이 될 수 있는 것이 가스 압접 이음과 기계적 이음이다. 가스 압접 이음은 내진용 철근에는 적용되는 기준이 마련되어 있지 않아 사용이 힘들기 때문에 대부분 기계적 이음을 선택하게 된다. 그렇기 때문에 철근의 고강도화는 겹침 이음의 수요를 기계적 이음으로 넘어가게 만든다. 내진용 철근의 수요는 대한경제 기사에 따르면 2020년 14만 톤에서 2021년 30만 톤, 2022년 60만 톤으로 부쩍 늘었으며 2023년에는 150만 톤으로 예상된다고 한다. 국내 철근 생산량이 약 900만 톤에서 1,000만 톤이니 생산량 중 약 16%가 내진용 철근인 것이다. 철근 커플러 업계에서는 내진용 철근의 수요 증가가 반가운 소식이지만 철근 가공업계에서는 꼭 그렇지만은 않은 것 같다. 철근가공협동조합에서 발표한 '2024년 철근가공표준단가 적용지침'에 따르면 철근 가공비는 건축 기준 TON당 71,000원이다. 하지만 내진용 철근은 가공이 일반 철근 대비 어렵기 때문에 추가 비용이 들어가는데 이는 내진 철근 비율에 따라서 10% 미만은 톤당 3,000원, 10~20%는 5,000원, 그리고 20% 이상은 7,000원이다. 철근 가공의 생산성이 일반 철근 대비 내진용 철근이 35%나 떨어지는 것을 감안한다면 이 정도 비용 상승도 큰 것이 아니라는 입장이다. 절곡과 같은 가공도 그렇지만 나사 철근 커플러 사용을 위한 철근 나사 가공 또한 내진용 철근에서는 난해하기 때문에 전반적인 비용 상승은 피할 수 없을 것으로 보인다.

2. 철근 이음과 내진설계 강화(잔류변형량 기준의 필요성)

1) 철근콘크리트 건축물의 급격한 붕괴 방지

전 세계적으로 건축물을 설계하고 시공할 때 내진설계를 하는 것은 당연시되고 있다. 앞으로 발생할 지진의 규모는 예측할 수 없기 때문에 대규모 지진에 의한 인명 피해를 최소화하기 위해 국내에서도 내진설계가 강화되고 있다. 큰 틀에서 내진설계는 내진, 면진, 그리고 제진 구조로 나뉜다. 그렇다면 철근콘크리트 구조에서 지진에 대한 저항력을 갖추고 건축물의 급격한 붕괴 방지를 위한 방법은 어떤 것들이 있을까? 다음 사진은 콘크리트 기둥 붕괴의 여러 양상을 보여 준다.

기둥 붕괴의 다양한 양상

　위 사진들의 공통점은 콘크리트 피복이 벗겨짐에 따른 파괴라는 것이다. 기둥은 건축물의 뼈대 역할을 하는 구조물로 기둥의 붕괴는 건축물의 전반적인 붕괴를 초래한다. 이러한 기둥의 붕괴 과정은 과도한 하중에 의한 부재 변형으로 콘크리트 피복이 탈락하며 주근을 감싸는 띠철근에 인장력이 작용하면서 띠철근이 풀리며 주근이 좌굴 파괴되어 심부 콘크리트 유출로 기둥이 파괴되는 양상을 보인다. 여기서 기둥 부재 파괴의 핵심은 심부 콘크리트 유출이다. 이를 방지하기 위해서는 먼저 띠철근이 풀리지 않는 것이 중요하다. 이는 2023년에 발생한 검단신도시 지하 주차장 붕괴 사고에서도 확인할 수 있는데 주요 붕괴 원인이 기둥 부재에서 보강 철근인 띠철근을 70% 이상 누락한 것이다. 심부 콘크리트 유출을 방지할 수 있는 두 번째 단계는 주근의 파괴를 방지하는 것이다. 철근의 이음은 크게 겹침 이음, 기계적 이음, 가스 압접 이음이 있는데 이 중 겹침 이음은 콘크리트 피복이 존재해야만 이음력이 발생하는데 콘크리트 피복 탈락은 곧 겹침 이음의 붕괴로 이어지게 된다. 하지만 기계적 이음과 가스 압접 이음은 콘크리트 피복과 상관없이 인장력을 발휘하기 때문에 피복 탈락 후에도 심부 콘크리트를 보호할 수 있는 구조다. 그렇기 때문에 겹침 이음보다는 기계적 이음이나 가스 압접 이음을 채택하는 것이 건축물의 급격한 붕괴를 방지하는 방법이 될 것이다.

2) 철근 커플러의 잔류변형량 기준

앞서 겹침 이음과 가스 압접 이음, 기계적 이음을 비교하여 겹침 이음이 갖는 단점을 소개하였다. 하지만 2020년 '건설공사 품질관리 업무지침' 내 기계적 이음 기준에 추가된 0.3mm 이내 잔류변형량 기준이 대부분의 현장 체결식 커플러 사용을 못 하도록 만들었다. 그렇다면 내진설계 선진국인 일본과 미국의 철근 커플러 규정을 살펴보고 국내 규정과 비교해 보자. 먼저 일본은 철근 커플러 이음에 대해 ICBA(국제건물관리정보센터)의 '건축물 구조관계기술기준'에 따라 SA급, A급, B급, 그리고 C급으로 분류하고 있다. 그중 SA급과 A급에만 잔류변형량 기준을 0.3mm로 적용하고 있다. 또한 이러한 기준을 건축물의 부재 등급별로 계산 방법에 따라 사용 부분을 세분화하여 규정하고 있다. 세부적인 기준은 복잡하지만 전반적으로 압축력이 주요한 벽체나 기둥과 같은 수직근의 이음에는 B급 이음 기준이 적용된다. 즉, 잔류변형량 기준이 적용되지 않는 것이다. 미국은 ACI(미국콘크리트협회)의 ACI318-19에 따라 철근 커플러를 TYPE1과 TYPE2로 분류하고 있다. 잔류변형량은 AC 133-2020에 따라 TYPE2에만 적용하고 있으며 TYPE1은 잔류변형량 기준이 없다. TYPE1 이음은 부재가 특수 모멘트 구조일 때 몇몇 조건에서 사용이 불가함을 나타내고 있으며 TYPE2는 모든 구간에 사용이 가능하도록 규정되어 있다. 내진설계의 강화를 위해 철근 이음 규정이 바뀐다면 겹침 이음의 제한이 우선시되어야 할 것이다. 하지만 국내 기계적 이음의 잔류변형량 규제는 겹침 이음보다 품질이 우수한 커플러의 사용을 제한하고 있기 때문에 규정의 변화가 필요할 것으로 보인다.

3. 대기업의 철근 커플러 기술 개발

철근의 기계적 이음이 활성화되면서 대기업들도 독자적으로 철근 커플러를 개발하거나 중소기업과 협력하여 철근 커플러 시장에 관심을 보이며 시장성을 살피고 있다.

1) 대우건설의 DTS 커플러

대우건설에서는 일정 토크에서 분리되는 분리부를 갖는 나사 커플러를 2013년부터 2016년 신기술로 등록하였다. 이는 나사 커플러의 철근 체결 후 정확한 시공이 되었는지 확인하는 것이 힘든 문제점을 해결하려는 것이다. 이 신기술은 TS 커플러(Torque Shear Coupler)와 자동 체결 장치로 구성되어 있다.

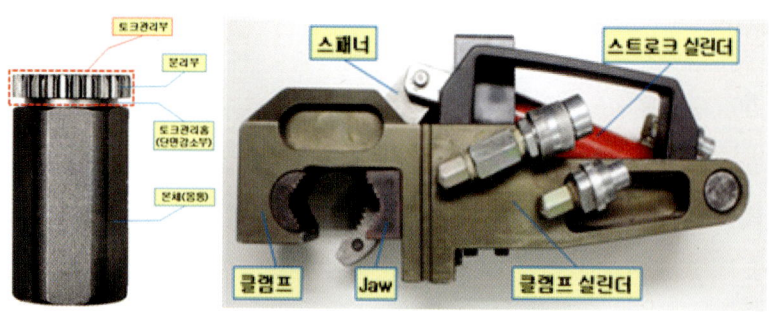

TS커플러(좌), 자동체결장치(우)

TS커플러의 원리는 단면감소부인 토크관리홈을 분리부와 본체 사이에 형성하여 설계토크 이상 조임 시 토크관리홈의 파단으로 인해 분리부가 본체에서 분리되는 원리를 이용하여 설계한 체결력을 육안으로 확인하는 것이다. 자동 체결 장치는 클램프 유압실린더에 제공되는 유압에 의하여 클램프의 죠(Jaw)가 체결 대상 부재인 철근을 물도록 하고 커플러의 분리부에 물려져 있는 토크 도입용 스패너와 힌지 연결이 된 스트로크 유압실린더에 의해 토크가 제공되는 원리를 이용하여 설계토크 이상 조임 시 커플러의 분리부가 본체로부터 분리되면서 체결 작업이 완료된다.

대우건설은 DTS 커플러의 기계화 시공으로 작업 효율을 높여 기존 철근 이음 공법 대비 인건비 투입을 절감함과 균일한 시공 품질을 확보할 수 있을 것이라 하였다. 또한 원자력 발전소 및 기타 사회 기반 시설물의 구조 안전성 및 내구성을 향상할 수 있는 방법으로 국내에서 발생 가능한 지진에 대비, 구조물의 손상을 사전에 방지함으로써 사회 기반 시설물의 기능을 유지토록 한다고 하였다.

2) 현대건설과 롯데건설의 나사형 철근 커플러

2020년, 현대건설과 롯데건설은 ㈜정우비엔씨와 협력하여 선조립 공법에 사용되는 나사형 철근 커플러 신기술을 등록하였다. 이 신기술의 범위는 철근이 나선형으로 형성된 나사형 철근, 커플러, 그리고 거치대를 이용한 철근 회전 방식의 수직부재 선조립 철근망의 시공법이다. 기존 나사형 철근은 철근의 거치대가 없기 때문에 다수의 철근 연결이 필요한 철근망에서 이음 작업이 힘들었다. 하지만 거치대를 적용함으로써 철근망을 양중하여 각 철근을 거치대에 삽입한 후 철근의 간편한 회전 체결이 가능하다.

나사형 철근 커플러 선조일 공법 시공 순서

　현대건설에서는 2015년 서울 송파구 문정동의 지식산업센터 현장과 엠스테이트 현장에서 이 신기술을 시험적으로 시공했다. 그리고 롯데건설에서는 2015년 서울 금천구 독산동의 롯데캐슬 아파트 현장을 시험 시공 후 2016년 서울 금천구 시흥대로의 롯데캐슬 아파트 현장에서는 건물 전체를 최초 시공하였다. 이러한 철근망 선조립 공법은 철근의 고강도화와 함께 대구경화 추세에 시공성을 극대화할 수 있는 장점이 있으며 중장기적으로 전망이 밝을 것이라고 판단한다.
　이렇게 대기업에서도 철근의 이음 중 기계적 이음을 관심 있게 보고 개발을 진행하고 있음을 알 수 있다.

4. 철근의 대체제, GFRP 보강근

　건축물에 사용되는 철근은 우리에게 너무나도 익숙하다. 콘크리트와 함께 사용되는 건축물의 뼈대 역할은 철근만이 할 수 있다고 머릿속에 박혀 있다. 그렇다면 이 역할은 꼭 철근, 즉 철로 된 봉강이어야 하는 걸까? 철근은 영어로 'Reinforcing Steel Bar'이다. 콘크리트를 보강하는 철로 된 봉강이라는 것이다. 하지만 철근을 대체할 수도 있는 섬유강화복합체 보강근이 있다. FRP 보강근은 섬유+수지 혹은 폴리머+충진재로 구성된 복합체로 구성 섬유에 따라 GFRP(유리섬유), CFRP(탄소섬유), AFRP(아라미드섬유)로 구분된다. 이 중 철근의 대체용 FRP 보강근은 유리섬유로 제작된 GFRP 보강근이다. 이 FRP 보강근은 1950년대부터 건축물의 보수, 보강 등 건축자재에 사용되었으며, 1986년 독일에서 FRP 텐던을 사용해 세계 최초로 도로교를 건설하였다. 일반적으로 FRP 보강근은 염화물 사용으로 부식에 취약한 교량 바닥판 철근의 대체제로 적용되었으며 국내에도 2007년 청대교와 2018년 행신IC R-G교 바닥판에 시범 적용되었다. 그렇다면 GFRP 유리섬유 보강근이 가지는 특징과 장단점은 무엇일까? 먼저 첫 번째 장점으로는 가벼운 무게다. 일반적으로 사용되는 철근은 비중이 $7.85g/cm^3$으로 지하층에 주로 사용되는 D25 철근이 6m일 때 무게는 약 24kg이다. 중량물의 반복 작업으로 작업자의 골격근계 질환을 유발할 수 있으며 부상 및 인명사고의 위험이 높다. 반면 GFRP 보강근은 비중이 $1.25~2.10g/cm^3$으로 철근의 약 4분의 1 무게이다. 그렇기 때문에 D25 철근 6m 동일 조건에서 보강근을 사용한다면 6kg으로 비교적 수월한 작업이 가능하다. 그리고 두 번째 장점은 인장강도이다. 철근의 인장강도는 SD400, SD500, 그리고 SD600 각각 500MPa, 625MPa, 그리고 750MPa 이상이다. 반면 GFRP 보강근은 경량임에도 불구하고 1,000~1,200MPa 정도로 크게는 철근의 2배 강도 이상이다. 또한 염화물에 의한 부식에 취약한 철근과 달리 GFRP 보강근은 내부식성이 매우 크기 때문에 교량과 같이 수중에 있거나 부식 위험이 높은 부재에 활용도가 높다. 이렇게 GFRP 보강근은 많은 장점 덕에 철근의 대체제로 활발하게 연구가 진행 중이다. 하지만 Global Market Research에 따르면 2022년 철근의 수요는 약 360조 원이며, GFRP 보강근의 수요는 약 1조 원이다. 즉 GFRP 보강근은 철근 수요의 0.27%로 아직까지는 큰 비중을 차지하고 있지 않다. 그렇다면 GFRP 보강근의 단점을 이와 연관 지어 살펴보자. 먼저 GFRP 보강근은 항복강도가 따로 존재하지 않는다. 그 말은 응력을 받으면 일정 수치에서 취성파괴가 일어난다는 것인데 내진설계에서 취성파괴는 매우 치명적이다. 그리고 GFRP 보강근은 절곡과 같은 현장 가공이 어렵다. 이는 철근보다 연신율이 낮기 때문인데 이는 현장의 상황에 맞는 절곡된 형상을 만들 수 없다는 것이다. 또 다른 단점은 열팽창계수가 콘크리트와 같지 않다는 것이다. 콘크리트의 열팽창계수는 0.000010~0.000013/℃이며 철근의 열팽창계수는 0.000012/℃이다. 하지만 GFRP 보강근의 열팽창계수는 이와 차이가 있다. 여러 논문과 자료에서 각기 상이하였는데 보통의 GFRP 보강근의 열팽창계수는 0.00002/℃ 이상이다. 열팽창계수가 다르면 온도 변화에 따른 콘크리트 균열이 발생할 수 있으므로 건축물에 치명적일 수 있다. 이렇게 GFRP 보강근의 장점과 단점에 대해 알아보았는데 철근의 이음 시장에서 GFRP 보강근이 어떤 변화를 가져올 수 있을까? 2023년 10월 27일 국토교통부에서 유리섬유 보강근의 표준 시방서 제정안을 행정예고 하였다. 이전까지는 GFRP 보강근에 대한 국가적 표준 시방서가 없었으나 새롭게 생긴다는 뜻이다. 이 제정안에서 볼 수 있는 특이점은 먼저 GFRP 보강근의 사이즈이다. KS규격의 철근 직경은 D4부터 D57까지 18종이다. 하지만 GFRP 보강근의 직경은 G10부터 G32까지 8종이다. 현장에서 사용되지 않는 직경인 D4부터 D8까지는 규격에 들어가지 않은 것이 이해가 되지만 왜 D35 이상은 GFRP 보강근 규격에 없는 것일까? 그 이유는 추측건대 GFRP 보강근의 이음 특성 때문일 것이다. 기존 철근 이음은 주로 겹침 이음, 가스 압접 이음, 기계적 이음이 있다. 이 중 실질적으로 GFRP 보강근에 적용할 수 있는 것은 겹침 이음뿐이다. 가스 압접 이음은 열에 취약한 GFRP 보강근 특성상 불가능하며, 기계적 이음 중 가장 범용적인 나사 이음은 GFRP 보강근에 나사 가공이 어렵기 때문에 사용이 안 된다. 물론 현장 체결식 커플러 또는 원터치 커플러를 적용할 수 있겠지만 잔류변형량이 발생하는 또다른 문제가 있다. 그래서 새로 만들어진 GFRP 보강근의 표준 시방서에는 겹침 이음만 하도록 되어 있다. 국내 겹침 이음 규정 중에는 D35를 초과하는 철근은 겹침 이음을 제한하기 때문에 GFRP 보강근의 규격이 D32까지만 있는 것으로 판단된다. 물론 많은 사람들이 인지하고 있듯이 겹침 이음은 철근의 이음법 중 취약한 공법이다. 그렇기 때문에 기계적 이음을 완전히 막지는 않았는데 기술적으로 증명된 경우 기계적 이음이 사용 가능하다고 되어 있다. 또한 GFRP 보강근 이음의 검사 방법 항목에서는 기계적 이음의 시험 항목이 수록되어 있어서 품질이 확보되는 기계적 이음이 있다면 이를 검토할 여지는 남아 있을 것이다. 만약 GFRP 보강근이 앞으로 활성화된다면 다시 철근의 여러 가지 이음법이 사라지고 겹침 이음이 주를 이루게 될지도 모른다.

마치며…

국내 커플러 산업은 철근의 이음 시장에서 매년 규모가 커지고 있다. 이 책을 통해 독자의 철근 커플러에 대한 이해도가 높아지길 바라며 더 안전한 건축물의 시공을 위해 철근 커플러의 사용이 더욱 증진되길 바란다. 또한 많은 종류의 철근 커플러가 현장에서 요건에 맞게 다양하게 적용되며 기술 개발이 활성화되어 한국이 철근 이음 분야에서 앞서 나갈 수 있기를 기대한다.

철근 관련 규격 모음

1) 철근의 화학 성분

종류의 기호	화학성분 %							
	C[a]	Si	Mn	P	S	Cu	Nb[b]	C$_{eq}$[a]
SD300	—	0.60 이하	—	0.050 이하	0.050 이하	—	—	—
SD400	—	0.60 이하	—	0.045 이하	0.045 이하	—	—	—
SD500	—	0.60 이하	—	0.040 이하	0.040 이하	—	—	—
SD600	—	0.60 이하	—	0.040 이하	0.040 이하	—	—	0.67 이하
SD700	—	0.60 이하	—	0.040 이하	0.040 이하	—	—	0.67 이하
SD400W	0.22 이하	0.60 이하	1.60 이하	0.040 이하	0.040 이하	—	0.012 이상	0.50 이하
SD500W								
SD400S	0.29 이하	0.30 이하	1.50 이하	0.040 이하	0.040 이하	0.20 이상	—	0.55 이하
SD500S	0.32 이하	0.30 이하	1.80 이하	0.040 이하	0.040 이하	0.20 이상	—	0.60 이하
SD600S	0.37 이하	0.30 이하	1.80 이하	0.040 이하	0.040 이하	0.20 이상	—	0.67 이하
SD700S	0.40 이하	0.60 이하	2.00 이하	0.040 이하	0.040 이하	0.20 이상	—	0.80 이하

[a] SD400W와 SD500W에서 치수가 호칭명 D32를 초과하는 것에 대해서는 탄소 함량 0.25% 이하, 탄소당량은 0.55% 이하로 한다. 또한 SD600S에서 치수가 호칭명 D35를 초과하는 것에 대해서는 탄소 함량 0.40% 이하, 탄소당량은 0.70% 이하로 한다.

[b] 질소 결합 원소가 아래의 기준 중 하나 이상을 만족할 경우 질소 함량은 높아도 좋다. (Total Al: 0.020% 이상, V: 0.020% 이상, Nb: 0.015% 이상, Ti: 0.020% 이상)

2) 철근의 기계적 성질

종류 기호	항복점 또는 항복강도 N/mm²	인장강도[a] N/mm²	인장 시험편	연신율[b] %	굽힘성	
					굽힘각도	안쪽 반지름
SD300	300~420	항복강도의 1.15배 이상	2호에 준한 것.	16 이상	180°	D 16 미만: 공칭 지름의 2배 D 16 이상 D 22 미만 : 공칭 지름의 2.5배 D 22 이상 D 29 미만 : 공칭 지름의 4배 D 38 이상 : 공칭 지름의 5배
			3호에 준한 것.	18 이상		
SD400	400~520	항복강도의 1.15배 이상	2호에 준한 것.	16 이상	180°	
			3호에 준한 것.	18 이상		
SD500	500~650	항복강도의 1.08배 이상	2호에 준한 것.	12 이상	135°	
			3호에 준한 것.	14 이상		
SD600	600~780	항복강도의 1.08배 이상	2호에 준한 것.	10 이상	90°	
			3호에 준한 것.			
SD700	700~910	항복강도의 1.08배 이상	2호에 준한 것.	10 이상	90°	
			3호에 준한 것.			
SD400W	400~520	항복강도의 1.15배 이상	2호에 준한 것.	16 이상	180°	
			3호에 준한 것.	18 이상		
SD500W	500~650	항복강도의 1.15배 이상	2호에 준한 것.	12 이상	180°	
			3호에 준한 것.	14 이상		
SD400S	400~520	항복강도의 1.25배 이상	2호에 준한 것.	16 이상	180°	
			3호에 준한 것.	18 이상		
SD500S	500~620	항복강도의 1.25배 이상	2호에 준한 것.	12 이상	180°	
			3호에 준한 것.	14 이상		
SD600S	600~720	항복강도의 1.25배 이상	2호에 준한 것.	10 이상	90°	
			3호에 준한 것.			
SD700S	700~820	항복강도의 1.25배 이상	2호에 준한 것.	10 이상	90°	
			3호에 준한 것.			

[a] 인장강도는 실측한 항복강도의 비율로서 규정된 비율 이상이어야 한다.
[b] 이형봉강에서 치수가 호칭명 D 32를 초과하는 것에 대해서는 호칭명 3을 증가할 때마다 위 표의 연신율의 값에서 각각 2를 감한다. 다만, 감하는 한도는 4로 한다.

3) 철근의 치수 및 무게

호칭명	단위 무게 kg/m	공칭 지름 d mm	공칭 단면적 S mm²	공칭 둘레 l mm	횡방향 리브의 평균 간격 최댓값 mm	횡방향 리브의 평균 높이 최솟값 mm	횡방향 리브의 평균 높이 최댓값 mm	횡방향 리브의 틈 합계의 최댓값 mm	횡방향 리브와 축선과의 각도
D 4	0.110	4.23	14.05	13.3	3.0	0.2	0.4	3.3	
D 5	0.173	5.29	21.98	16.6	3.7	0.2	0.4	4.3	
D 6	0.249	6.35	31.67	20.0	4.4	0.3	0.6	5.0	
D 7	0.302	7.00	38.48	22.0	4.9	0.3	0.6	5.5	
D 8	0.389	7.94	49.51	24.9	5.6	0.3	0.6	6.3	
D 10	0.560	9.53	71.33	29.9	6.7	0.4	0.8	7.5	
D 13	0.995	12.7	126.7	39.9	8.9	0.5	1.0	10.0	
D 16	1.56	15.9	198.6	50.0	11.1	0.7	1.4	12.5	
D 19	2.25	19.1	286.5	60.0	13.4	1.0	2.0	15.0	45° 이상
D 22	3.04	22.2	387.1	69.8	15.5	1.1	2.2	17.5	
D 25	3.98	25.4	506.7	79.8	17.8	1.3	2.6	20.0	
D 29	5.04	28.6	642.4	89.9	20.0	1.4	2.8	22.5	
D 32	6.23	31.8	794.2	99.9	22.3	1.6	3.2	25.0	
D 35	7.51	34.9	956.6	109.7	24.4	1.7	3.4	27.5	
D 38	8.95	38.1	1140	119.7	26.7	1.9	3.8	30.0	
D 41	10.5	41.3	1340	129.8	28.9	2.1	4.2	32.5	
D 43	11.4	43.0	1452	135.1	30.1	2.2	4.4	33.8	
D 51	15.9	50.8	2027	159.6	35.6	2.5	5.0	40.0	
D 57	20.3	57.3	2579	180.0	40.1	2.9	5.8	45.0	

비고 1 공칭 단면적, 공칭 둘레 및 단위 무게의 산출 방법은 다음에 따른다.
    공칭 단면적(S) = 0.7854 × d² : 유효 숫자 넷째 자리에서 끝맺음한다.
    공칭 둘레(l) = 3.142 × d : 소수점 이하 첫째 자리에서 끝맺음한다.
    단위 무게 = 0.785 × S : 유효 숫자 셋째 자리에서 끝맺음한다.
    1개 무게 = 단위 무게 × 길이 : 소수점 이하 둘째 자리에서 끝맺음한다.
    1조 무게 = 1개 무게 × 개수 : 정수로 끝맺음한다.

비고 2 횡방향 리브의 간격은 그 공칭 지름의 70% 이하로서, 산출값은 소수점 이하 첫째 자리에서 끝맺음한다.
비고 3 이형 봉강의 횡 방향 리브의 틈의 합계는 공칭 둘레의 25% 이하로 하고, 산출값은 소수점 이하 첫째 자리에서 끝맺음한다.
비고 4 횡방향 리브의 평균 높이는 다음 표에 따르고, 산출값은 소수점 이하 첫째 자리에서 끝맺음한다.

치수	횡방향의 리브의 평균 높이	
	최소	최대
호칭명 D 13 이하	공칭 지름의 4.0 %	최소값의 2배
호칭명 D13 초과 D19 미만	공칭 지름의 4.5 %	최소값의 2배
호칭명 D19 이상	공칭 지름의 5.0 %	최소값의 2배

4) 철근 피복 두께 기준

종류	구분			최소 피복 두께
프리캐스트 콘크리트	흙에 접하여 콘크리트를 친 후 영구히 흙에 묻혀 있는 콘크리트			40mm
	흙에 접하거나 옥외의 공기에 직접 노출되는 콘크리트	벽체	D35 초과하는 철근	20mm
			D35 이하 철근, 40mm 이하 긴장재, 지름 16mm 이하 철선	50mm
		기타 부재	D35 초과하는 철근, 지름 40mm 초과하는 긴장재	40mm
			D19 이상 D35 이하 철근, 지름 16mm 초과 40mm 이하 긴장재	40mm
			D16 이하 철근, 지름 16mm 이하 철선, 지름 16mm 이하 긴장재	30mm
	옥외의 공기나 흙에 직접 접하지 않는 콘크리트	슬래브, 벽체, 장선구조	D35 초과 철근, 지름 40mm 초과 긴장재	30mm
			D35 이하 철근, 40mm 이하 긴장재	20mm
			지름 16mm 이하 철선	15mm
		보, 기둥	주철근 (15mm 이상이어야 하고, 40mm 이상일 필요 없음)	d_b
			띠철근, 스터럽, 나선철근	10mm
		쉘, 절판부재	긴장재	20mm
			D19 이상 철근	15mm 또는 $0.5d_b$ 중 큰 값
			D16 이하 철근, 지름 16mm 이하 철선	10mm
프리스트레스 하지 않는 부재의 현장치기 콘크리트	수중에서 치는 콘크리트			100mm
	흙에 접하여 콘크리트를 친 후 영구히 흙에 묻혀 있는 콘크리트			75mm
	흙에 접하거나 옥외의 공기에 직접 노출되는 콘크리트		D19 이상의 철근	50mm
			D16 이하의 철근, 지름 16mm 이하의 철선	40mm
	옥외의 공기나 흙에 직접 접하지 않는 콘크리트	슬래브, 벽체, 장선	D35 초과하는 철근	40mm
			D35 이하인 철근	20mm
		보, 기둥*		40mm
		쉘, 절판부재		20mm

* 콘크리트의 설계기준압축강도 fck가 40MPa 이상인 경우 규정된 값에서 10mm 저감할 수 있다.

종류	구분			최소 피복 두께
프리스트레스하는 부재의 현장치기 콘크리트	흙에 접하여 콘크리트를 친 후 영구히 흙에 묻혀 있는 콘크리트			75mm
	흙에 접하거나 옥외의 공기에 직접 노출되는 콘크리트	벽체, 슬래브, 장선구조		30mm
		기타 부재		40mm
	옥외의 공기나 흙에 직접 접하지 않는 콘크리트	슬래브, 백체, 장선		20mm
		보, 기둥 보, 기둥	주철근	40mm
			띠철근, 스터럽, 나선철근	30mm
		쉘, 절판부재	D19 이상 철근	d_0
			D16 이하 철근, 지름 16mm 이하 철선	10mm
특수 환경에 노출되는 콘크리트*	현장치기 콘크리트	벽체, 슬래브		50mm
		벽체, 슬래브 외 모든 부재	노출등급 ES1, ES2	60mm
			노출등급 ES3	70mm
			노출등급 ES4	80mm
	프리캐스트 콘크리트	벽체, 슬래브		40mm
		벽체, 슬래브 외 모든 부재		50mm

* 해수 또는 해수 물보라, 제빙화학제 등 염화물에 노출되어 철근 또는 긴장재의 부식이 우려되는 환경

5) 철근의 간격 제한

(1) 동일 평면에서 평행한 철근 사이의 수평 순 간격은 25mm 이상, 철근의 공칭 지름 이상
(2) 상단과 하단에 2단 이상으로 배치된 경우 상하 철근은 동일 연직면 내에 배치, 상하철근의 순 간격은 25mm 이상
(3) 나선철근 또는 띠철근이 배근된 압축 부재에서 축방향 철근의 순 간격은 40mm 이상, 철근 공칭 지름의 1.5배 이상
(4) 벽체 또는 슬래브에서 휨 주철근의 간격은 벽체나 슬래브 두께의 3배 이하, 450mm 이하

6) 철근의 정착 및 겹침 이음 기준표
철근의 B급 이음 길이

f_{ck}=21MPa f_y=400MPa 단위: mm

구분			D10	D13	D16	D19	D22	D25	D29	D32
인장철근	슬래브		330	530	750	1000	1500	1710	1980	2180
	보	상부근	620	930	1150	1360	1950	2230	2580	2840
		하부근	470	710	880	1040	1500	1710	1980	2180
	기둥	수직근	470	710	880	1040	1500	1710	1980	2180
	벽체	수직수평근	330	530	750	1000	1500	1710	1980	2180
	외벽	수직수평근	300	330	410	480	770	990	1330	1610
	기초	상부근	430	560	690	820	1290	1670	2240	2730
		하부근	330	430	530	630	990	1280	1720	2100
압축철근			300	380	470	550	640	720	840	930

f_{ck}=21MPa f_y=500MPa 단위: mm

구분			D10	D13	D16	D19	D22	D25	D29	D32
인장철근	슬래브		410	660	940	1250	1880	2130	2470	2730
	보	상부근	770	1160	1420	1690	2450	2770	3220	3550
		하부근	590	890	1090	1300	1880	2130	2470	2730
	기둥	수직근	590	890	1090	1300	1880	2130	2470	2730
	벽체	수직수평근	410	660	940	1250	1880	2130	2470	2730
	외벽	수직수평근	320	410	510	600	960	1230	1660	2020
	기초	상부근	540	710	860	1020	1620	2080	2800	3410
		하부근	410	540	660	780	1240	1600	2150	2620
압축철근			410	540	660	780	910	1030	1190	1320

f_{ck}=21MPa f_y=600MPa 단위: mm

구분			D10	D13	D16	D19	D22	D25	D29	D32
인장철근	슬래브		500	790	1130	1500	2250	2560	2970	3270
	보	상부근	930	1400	1710	2030	2930	3330	3870	4260
		하부근	710	1070	1310	1560	2250	2560	2970	3270
	기둥	수직근	710	1070	1310	1560	2250	2560	2970	3270
	벽체	수직수평근	500	790	1130	1500	2250	2560	2970	3270
	외벽	수직수평근	380	500	610	720	1150	1480	1990	2420
	기초	상부근	650	840	1030	1230	1940	2500	3360	4090
		하부근	500	640	790	940	1490	1920	2580	3140
압축철근			540	710	870	1030	1190	1350	1570	1730

피복 두께(mm) [슬래브 : 20] [벽체 : 20] [외벽 : 40(D16 이하), 50(D25 이하), 60(D29 이상)] [기초 : 50]
배근 간격(mm) 슬래브, 벽체, 기초 : 100 [보, 기둥 : Max(25, d_b)]

철근의 B급 이음 길이

$f_{ck}=24$MPa $f_y=400$MPa 단위: mm

구분			D10	D13	D16	D19	D22	D25	D29	D32
인장철근	슬래브		310	490	700	940	1410	1600	1850	2040
	보	상부근	580	880	1070	1270	1840	2080	2410	2660
		하부근	440	670	820	970	1410	1600	1850	2040
	기둥	수직근	440	670	820	970	1410	1600	1850	2040
	벽체	수직수평근	310	490	700	940	1410	1600	1850	2040
	외벽	수직수평근	300	310	380	450	720	920	1240	1510
	기초	상부근	410	520	640	770	1210	1560	2100	2550
		하부근	310	400	490	590	930	1200	1610	1960
압축철근			300	380	470	550	640	720	840	930

$f_{ck}=24$MPa $f_y=500$MPa 단위: mm

구분			D10	D13	D16	D19	D22	D25	D29	D32
인장철근	슬래브		390	610	880	1170	1760	2000	2310	2550
	보	상부근	720	1080	1330	1590	2290	2600	3010	3320
		하부근	550	830	1020	1220	1760	2000	2310	2550
	기둥	수직근	550	830	1020	1220	1760	2000	2310	2550
	벽체	수직수평근	390	610	880	1170	1760	2000	2310	2550
	외벽	수직수평근	300	390	480	560	890	1150	1550	1890
	기초	상부근	510	650	810	950	1510	1950	2620	3190
		하부근	390	500	620	730	1160	1500	2010	2450
압축철근			410	540	660	780	910	1030	1190	1320

$f_{ck}=24$MPa $f_y=600$MPa 단위: mm

구분			D10	D13	D16	D19	D22	D25	D29	D32
인장철근	슬래브		460	740	1050	1410	2110	2390	2780	3060
	보	상부근	860	1300	1600	1900	2750	3110	3620	3980
		하부근	660	1000	1230	1460	2110	2390	2780	3060
	기둥	수직근	660	1000	1230	1460	2110	2390	2780	3060
	벽체	수직수평근	460	740	1050	1410	2110	2390	2780	3060
	외벽	수직수평근	360	460	570	680	1070	1380	1860	2260
	기초	상부근	600	780	970	1150	1810	2340	3150	3830
		하부근	460	600	740	880	1390	1800	2420	2940
압축철근			540	710	870	1030	1190	1350	1570	1730

피복 두께(mm) [슬래브 : 20][벽체 : 20][외벽 : 40(D16 이하), 50(D25 이하), 60(D29 이상)][기초 : 50]
배근 간격(mm) 슬래브, 벽체, 기초 : 100[보, 기둥 : Max(25, d_b)]

철근의 B급 이음 길이

$f_{ck}=27\text{MPa}\ f_y=400\text{MPa}$ 단위: mm

구분			D10	D13	D16	D19	D22	D25	D29	D32
인장철근	슬래브		300	460	660	890	1330	1510	1750	1930
	보	상부근	550	820	1010	1200	1730	1970	2280	2510
		하부근	420	630	770	920	1330	1510	1750	1930
	기둥	수직근	420	630	770	920	1330	1510	1750	1930
	벽체	수직수평근	300	460	660	890	1330	1510	1750	1930
	외벽	수직수평근	300	380	470	550	880	1130	1520	1850
	기초	상부근	390	500	620	720	1150	1470	1980	2410
		하부근	300	380	470	550	880	1130	1520	1850
압축철근			300	380	470	550	640	720	840	930

$f_{ck}=27\text{MPa}\ f_y=500\text{MPa}$ 단위: mm

구분			D10	D13	D16	D19	D22	D25	D29	D32
인장철근	슬래브		370	580	830	1110	1660	1880	2180	2410
	보	상부근	680	1030	1270	1500	2160	2450	2840	3140
		하부근	520	790	970	1150	1660	1880	2180	2410
	기둥	수직근	520	790	970	1150	1660	1880	2180	2410
	벽체	수직수평근	370	580	830	1110	1660	1880	2180	2410
	외벽	수직수평근	370	470	580	690	1090	1410	1900	2310
	기초	상부근	490	620	760	900	1420	1840	2470	3010
		하부근	370	470	580	690	1090	1410	1900	2310
압축철근			410	540	660	780	910	1030	1190	1320

$f_{ck}=27\text{MPa}\ f_y=600\text{MPa}$ 단위: mm

구분			D10	D13	D16	D19	D22	D25	D29	D32
인장철근	슬래브		440	690	990	1330	1990	2260	2620	2890
	보	상부근	810	1230	1510	1790	2590	2940	3410	3760
		하부근	620	940	1160	1370	1990	2260	2620	2890
	기둥	수직근	620	940	1160	1370	1990	2260	2620	2890
	벽체	수직수평근	440	690	990	1330	1990	2260	2620	2890
	외벽	수직수평근	440	570	700	830	1310	1690	2280	2770
	기초	상부근	580	750	910	1080	1710	2200	2970	3610
		하부근	440	570	700	830	1310	1690	2280	2770
압축철근			540	710	870	1030	1190	1350	1570	1730

피복 두께(mm) [슬래브 : 20][벽체 : 20][외벽 : 40(D16 이하), 50(D25 이하), 60(D29 이상)][기초 : 50]
배근 간격(mm) 슬래브, 벽체, 기초 : 100][보, 기둥 : Max(25, d_b)]

철근의 B급 이음 길이

f_{ck}=30MPa f_y=400MPa 단위: mm

구분			D10	D13	D16	D19	D22	D25	D29	D32
인장철근		슬래브	300	440	630	840	1260	1430	1660	1830
	보	상부근	520	780	950	1140	1640	1860	2160	2380
		하부근	400	600	730	870	1260	1430	1660	1830
	기둥	수직근	400	600	730	870	1260	1430	1660	1830
	벽체	수직수평근	300	440	630	840	1260	1430	1660	1830
	외벽	수직수평근	300	360	440	520	830	1070	1440	1750
	기초	상부근	390	470	580	680	1080	1400	1880	2280
		하부근	300	360	440	520	830	1070	1440	1750
압축철근			300	380	470	550	640	720	840	930

f_{ck}=30MPa f_y=500MPa 단위: mm

구분			D10	D13	D16	D19	D22	D25	D29	D32
인장철근		슬래브	350	550	790	1050	1570	1790	2070	2280
	보	상부근	640	980	1200	1420	2050	2330	2700	2970
		하부근	490	750	920	1090	1570	1790	2070	2280
	기둥	수직근	490	750	920	1090	1570	1790	2070	2280
	벽체	수직수평근	350	550	790	1050	1570	1790	2070	2280
	외벽	수직수평근	350	450	550	650	1040	1340	1800	2190
	기초	상부근	460	590	720	850	1360	1750	2340	2850
		하부근	350	450	550	650	1040	1340	1800	2190
압축철근			410	540	660	780	910	1030	1190	1320

f_{ck}=30MPa f_y=600MPa 단위: mm

구분			D10	D13	D16	D19	D22	D25	D29	D32
인장철근		슬래브	420	660	940	1260	1880	2140	2480	2740
	보	상부근	770	1160	1430	1690	2450	2790	3230	3570
		하부근	590	890	1100	1300	1880	2140	2480	2740
	기둥	수직근	590	890	1100	1300	1880	2140	2480	2740
	벽체	수직수평근	420	660	940	1260	1880	2140	2480	2740
	외벽	수직수평근	420	540	660	780	1250	1610	2160	2630
	기초	상부근	550	710	860	1020	1630	2100	2810	3420
		하부근	420	540	660	780	1250	1610	2160	2630
압축철근			540	710	870	1030	1190	1350	1570	1730

피복 두께(mm) [슬래브 : 20][벽체 : 20][외벽 : 40(D16 이하), 50(D25 이하), 60(D29 이상)][기초 : 50]
배근 간격(mm) 슬래브, 벽체, 기초 : 100[보, 기둥 : Max(25, d_b)]

철근의 정착 길이

f_{ck}=21MPa, f_y=400MPa   단위: mm

구분			D10	D13	D16	D19	D22	D25	D29	D32
인장철근		슬래브	300	410	580	770	1160	1310	1520	1680
	보	상부근	470	720	890	1040	1510	1710	1980	2190
		하부근	360	550	680	800	1160	1310	1520	1680
	기둥	수직근	360	550	680	800	1160	1310	1520	1680
	벽체	수직수평근	300	410	580	770	1160	1310	1520	1680
	외벽	수직수평근	300	330	410	480	770	990	1330	1610
	기초	상부근	330	430	530	630	990	1280	1720	2100
		하부근	300	330	410	480	770	990	1330	1610
압축철근			220	290	350	420	490	550	640	700
표준갈고리			210	280	340	400	470	530	610	680

f_{ck}=21MPa, f_y=500MPa   단위: mm

구분			D10	D13	D16	D19	D22	D25	D29	D32
인장철근		슬래브	320	510	720	970	1450	1640	1900	2100
	보	상부근	590	900	1100	1300	1890	2140	2470	2730
		하부근	450	690	840	1000	1450	1640	1900	2100
	기둥	수직근	450	690	840	1000	1450	1640	1900	2100
	벽체	수직수평근	320	510	720	970	1450	1640	1900	2100
	외벽	수직수평근	320	410	510	600	960	1230	1660	2020
	기초	상부근	410	540	660	780	1240	1600	2150	2620
		하부근	320	410	510	600	960	1230	1660	2020
압축철근			280	360	440	520	610	690	800	880
표준갈고리			270	350	420	500	580	660	760	840

f_{ck}=21MPa, f_y=600MPa   단위: mm

구분			D10	D13	D16	D19	D22	D25	D29	D32
인장철근		슬래브	380	610	870	1160	1730	1970	2280	2520
	보	상부근	710	1070	1320	1560	2250	2570	2970	3280
		하부근	540	820	1010	1200	1730	1970	2280	2520
	기둥	수직근	540	820	1010	1200	1730	1970	2280	2520
	벽체	수직수평근	380	610	870	1160	1730	1970	2280	2520
	외벽	수직수평근	380	500	610	720	1150	1480	1990	2420
	기초	상부근	500	640	790	940	1490	1920	2580	3140
		하부근	380	500	610	720	1150	1480	1990	2420
압축철근			330	430	530	630	730	820	950	1050
표준갈고리			320	410	510	600	700	790	920	1010

피복 두께(mm) [슬래브 : 20][벽체 : 20][외벽 : 40(D16 이하), 50(D25 이하), 60(D29 이상)][기초 : 50]
배근 간격(mm) 슬래브, 벽체, 기초 : 100[보, 기둥 : Max(25, d_b)]

철근의 정착 길이

f_{ck}=24MPa, f_y=400MPa   단위: mm

구분			D10	D13	D16	D19	D22	D25	D29	D32
인장철근	슬래브		300	380	540	720	1080	1230	1430	1570
	보	상부근	450	670	820	980	1410	1600	1860	2050
		하부근	340	510	630	750	1080	1230	1430	1570
	기둥	수직근	340	510	630	750	1080	1230	1430	1570
	벽체	수직수평근	300	380	540	720	1080	1230	1430	1570
	외벽	수직수평근	300	310	380	450	720	920	1240	1510
	기초	상부근	310	400	490	590	930	1200	1610	1960
		하부근	300	310	380	450	720	920	1240	1510
압축철근			210	270	330	390	450	520	600	660
표준갈고리			200	260	320	380	440	490	570	630

f_{ck}=24MPa, f_y=500MPa   단위: mm

구분			D10	D13	D16	D19	D22	D25	D29	D32
인장철근	슬래브		300	470	680	900	1350	1540	1780	1960
	보	상부근	550	840	1030	1230	1760	2010	2320	2550
		하부근	420	640	790	940	1350	1540	1780	1960
	기둥	수직근	420	640	790	940	1350	1540	1780	1960
	벽체	수직수평근	300	470	680	900	1350	1540	1780	1960
	외벽	수직수평근	300	390	480	560	890	1150	1550	1890
	기초	상부근	390	500	620	730	1160	1500	2010	2450
		하부근	300	390	480	560	890	1150	1550	1890
압축철근			260	340	410	490	570	640	740	820
표준갈고리			250	320	400	470	540	620	720	790

f_{ck}=24MPa, f_y=600MPa   단위: mm

구분			D10	D13	D16	D19	D22	D25	D29	D32
인장철근	슬래브		360	570	810	1080	1620	1840	2140	2360
	보	상부근	670	1010	1240	1460	2110	2400	2790	3070
	보	하부근	510	770	950	1120	1620	1840	2140	2360
	기둥	수직근	510	770	950	1120	1620	1840	2140	2360
	벽체	수직수평근	360	570	810	1080	1620	1840	2140	2360
	외벽	수직수평근	360	460	570	680	1070	1380	1860	2260
	기초	상부근	460	600	740	880	1390	1800	2420	2940
	기초	하부근	360	460	570	680	1070	1380	1860	2260
압축철근			310	400	490	590	680	770	890	980
표준갈고리			300	390	480	560	650	740	860	950

피복 두께(mm) [슬래브 : 20][벽체 : 20][외벽 : 40(D16 이하), 50(D25 이하), 60(D29 이상)][기초 : 50]
배근 간격(mm) 슬래브, 벽체, 기초 : 100][보, 기둥 : Max(25, d_b)]

철근의 정착 길이

f_{ck}=27MPa, f_y=400MPa 단위: mm

구분			D10	D13	D16	D19	D22	D25	D29	D32
인장철근	슬래브		300	360	510	680	1020	1160	1340	1480
	보	상부근	420	640	780	930	1330	1510	1750	1930
		하부근	320	490	600	710	1020	1160	1340	1480
	기둥	수직근	320	490	600	710	1020	1160	1340	1480
	벽체	수직수평근	300	360	510	680	1020	1160	1340	1480
	외벽	수직수평근	300	300	360	430	680	870	1170	1420
	기초	상부근	290	380	470	550	880	1130	1520	1850
		하부근	300	300	360	430	680	870	1170	1420
압축철근			220	260	310	370	430	490	560	620
표준갈고리			190	250	300	360	410	470	540	600

f_{ck}=27MPa, f_y=500MPa 단위: mm

구분			D10	D13	D16	D19	D22	D25	D29	D32
인장철근	슬래브		300	450	640	850	1280	1450	1680	1850
	보	상부근	520	800	970	1150	1670	1890	2190	2410
		하부근	400	610	740	880	1280	1450	1680	1850
	기둥	수직근	400	610	740	880	1280	1450	1680	1850
	벽체	수직수평근	300	450	640	850	1280	1450	1680	1850
	외벽	수직수평근	300	370	450	530	840	1090	1460	1780
	기초	상부근	370	470	580	690	1090	1410	1900	2130
		하부근	300	370	450	530	840	1090	1460	1780
압축철근			250	320	390	460	530	610	700	770
표준갈고리			240	310	370	440	510	580	670	740

f_{ck}=27MPa, f_y=600MPa 단위: mm

구분			D10	D13	D16	D19	D22	D25	D29	D32
인장철근	슬래브		340	540	770	1020	1530	1740	2010	2220
	보	상부근	630	950	1160	1380	1990	2270	2620	2890
		하부근	480	730	890	1060	1530	1740	2010	2220
	기둥	수직근	480	730	890	1060	1530	1740	2010	2220
	벽체	수직수평근	340	540	770	1020	1530	1740	2010	2220
	외벽	수직수평근	340	440	540	640	1010	1300	1750	2130
	기초	상부근	440	570	700	830	1310	1690	2280	2770
		하부근	340	440	540	640	1010	1300	1750	2130
압축철근			290	380	470	550	640	730	840	930
표준갈고리			280	370	450	530	610	700	810	890

피복 두께(mm) [슬래브 : 20][벽체 : 20][외벽 : 40(D16 이하), 50(D25 이하), 60(D29 이상)][기초 : 50]
배근 간격(mm) 슬래브, 벽체, 기초 : 100[보, 기둥 : Max(25, d_b)]

철근의 정착 길이

f_{ck}=30MPa, f_y=400MPa   단위: mm

구분			D10	D13	D16	D19	D22	D25	D29	D32
인장철근		슬래브	300	340	490	650	970	1100	1280	1410
	보	상부근	410	600	750	880	1270	1430	1670	1840
		하부근	310	460	570	670	970	1100	1280	1410
	기둥	수직근	310	460	570	670	970	1100	1280	1410
	벽체	수직수평근	300	340	490	650	970	1100	1280	1410
	외벽	수직수평근	300	300	340	400	640	830	1110	1350
	기초	상부근	280	360	440	520	830	1070	1440	1750
		하부근	300	300	340	400	640	830	1110	1350
압축철근			230	240	300	350	410	460	530	590
표준갈고리			180	230	290	340	390	440	510	570

f_{ck}=30MPa, f_y=500MPa   단위: mm

구분			D10	D13	D16	D19	D22	D25	D29	D32
인장철근		슬래브	300	420	610	810	1210	1370	1590	1760
	보	상부근	500	750	930	1100	1580	1790	2070	2290
		하부근	380	570	710	840	1210	1370	1590	1760
	기둥	수직근	380	570	710	840	1210	1370	1590	1760
	벽체	수직수평근	300	420	610	810	1210	1370	1590	1760
	외벽	수직수평근	300	350	430	500	800	1030	1390	1690
	기초	상부근	350	450	550	650	1040	1340	1800	2190
		하부근	300	350	430	500	800	1030	1390	1690
압축철근			230	300	370	440	510	580	670	740
표준갈고리			220	290	360	420	490	550	640	710

f_{ck}=30MPa, f_y=600MPa   단위: mm

구분			D10	D13	D16	D19	D22	D25	D29	D32
인장철근		슬래브	320	510	730	970	1450	1650	1910	2110
	보	상부근	600	900	1110	1300	1890	2150	2490	2750
		하부근	460	690	850	1000	1450	1650	1910	2110
	기둥	수직근	460	690	850	1000	1450	1650	1910	2110
	벽체	수직수평근	320	510	730	970	1450	1650	1910	2110
	외벽	수직수평근	320	420	510	600	960	1240	1660	2020
	기초	상부근	420	540	660	780	1250	1610	2160	2630
		하부근	320	420	510	600	960	1240	1660	2020
압축철근			280	360	440	530	610	690	800	880
표준갈고리			270	350	430	500	580	660	770	850

피복 두께(mm) [슬래브 : 20][벽체 : 20][외벽 : 40(D16 이하), 50(D25 이하), 60(D29 이상)][기초 : 50]
배근 간격(mm) 슬래브, 벽체, 기초 : 100][보, 기둥 : Max(25, d_b)]

7) 철근 이음 시험 기준표

시험명	적용 이음	설명
위치 및 외관 검사	겹침 이음 가스 압접 이음 기계적 이음 용접 이음	겹침 이음, 가스 압접 이음, 기계적 이음, 용접 이음 모두에서 필요한 시험으로 이음의 위치, 외관 결함 등을 검사하는 시험
초음파 탐사 검사	가스 압접 이음	가스 압접 이음에서 필요한 시험으로 이음부에 초음파를 투입하여 용접 상태나 결함 유무, 위치를 검출하는 비파괴 검사
일방향 인장 시험	가스 압접 이음 기계적 이음 용접 이음	가스 압접 이음, 기계적 이음, 용접 이음에서 행하는 것으로 철근의 한쪽은 고정하고 반대쪽을 잡아당겨서 연결체의 결합력(강도)를 측정하는 시험
굽힘 시험	가스 압접 이음	가스 압접 이음에서 필요한 시험으로 이음부를 굽혀서 압접 면의 파단 또는 균열 여부를 확인하는 시험
저사이클 반복 시험	가스 압접 이음 기계적 이음	가스 압접 이음, 기계적 이음에서 행하는 시험으로 철근 규격 항복 강도의 90%에 해당하는 상한점과 5%에 해당하는 하한점을 100회 연속적으로 반복 재하한 후 철근이 파단될 때까지 인장하는 시험
정적 내력 시험	기계적 이음	기계적 이음의 시험 항목으로 철근 모재 규격 항복강도의 95%까지 인장 후 변형된 양을 확인하는 시험
고응력 반복 내력 시험	기계적 이음	모재 규격 항복강도의 2% 이하의 하한점과 95%의 상한점으로 30회 반복 인장 시험을 한 후 강성변화율 및 최대 변형량을 측정하는 시험
고사이클 피로 시험	가스 압접 이음	모재 규격 항복강도의 15%의 하한점과 33%의 상한점으로 200만회 반복 피로 시험을 한 후 잔류변형량 및 파단 유무를 검사하는 시험
저온 성능 시험	기계적 이음	액체 질소 가스를 이용해 시험 온도까지 냉각한 후 15분 뒤 인장력을 측정하는 시험

철근 이음 시험 종류 및 적용 이음

이음 종류	시험 항목	적용 기준	시험 방법	판정 기준
겹침 이음	위치 및 외관 검사	• 시공 기준 • 품질시험 기준	육안 관찰 및 자에 의한 측정	철근 상세도와 일치할 것
가스 압접 이음	위치 및 외관 검사	• 시공 기준 • 품질시험 기준	외관 관찰, 필요에 따라 자, 버니어캘리퍼스 등에 의한 측정	철근 상세도와 일치할 것
	초음파 탐사 검사	• 시공 기준 • 품질시험 기준	KS B 0839	사용 목적을 달성하기 위해 정한 별도의 것
	일방향 인장 시험	• 시공 기준 • 품질시험 기준	KS B 0554	인장강도가 설계 기준 항복강도의 125% 이상
	굽힘 시험	• 품질시험 기준	KS B 0554	-
	저사이클 반복 시험	• 품질시험 기준	KS B 0554	인장강도가 설계 기준 항복강도의 125% 이상 및 모재 철근 파단
	고사이클 피로 시험	• 품질시험 기준	KS B 0554	시험 후 시험체 파단되지 않을 것, 잔류변형량 0.2mm 이하
기계적 이음	위치 및 외관 검사	• 시공 기준 • 품질시험 기준	육안 관찰, 필요에 따라 자, 버니어캘리퍼스 등에 의한 측정	철근 상세도, 제조회사의 시험성적서에 사용된 시편과 일치할 것
	일방향 인장 시험	• 설계 기준 • 시공 기준 • 품질시험 기준	KS D 0249	인장강도가 설계 기준 항복강도의 125% 이상
	정적 내력 시험(잔류변형량)	• 시공 기준 • 품질시험 기준	KS D 0249	잔류변형량 0.3mm 이하
용접 이음	외관 검사	• 시공 기준 • 품질시험 기준	육안 관찰 및 자에 의한 측정	- 용접 치수와 용접 길이를 포함하여 철근 상세도와 일치할 것 - 용접 표면 결함이 없을 것
	용접부의 결함	• 시공 기준 • 품질시험 기준	KS B 0845 또는 KS B 0896	해당 KS 또는 강구조공사표준시방서(KCS 14 31 20) 4.11을 따를 것
	일방향 인장 시험	• 설계 기준 • 시공 기준 • 품질시험 기준	KS B 0802 KS B ISO 17660-1	인장강도가 설계 기준 항복강도의 125% 이상

※ 시공 기준: 표준시방서(KCS), 품질시험 기준: 건설공사품질관리업무지침
철근 이음 종류별 시험 항목과 적용 기준

참고 및 인용 자료

- KS D 3504_2021 철근콘크리트용 봉강
- KS D 0249_2019 철근콘크리트용 봉강의 기계식 이음의 검사 방법
- KS D 0802_2023 금속 재료 인장 시험 방법
- KS D 3752_2019 기계 구조용 탄소 강재
- ISO-15835-1_2009 Reinforcement couplers for mechanical splices of bars-Part1
- ISO 15835-2_2009 Reinforcement couplers for mechanical splices of bars-Part2
- AC133_2020 Acceptance criteria for mechanical splice systems for steel reinforcing bars
- ACI 318-14_2014 Building Code Requirements for Structural Concrete
- 일본 건축물의 구조관계기술 기준 해설서_2007
- 건설공사 품질관리 업무지침_2022
- KCS 14 20 11_2022 철근공사
- KDS 14 20 52_2022 콘크리트구조 정착 및 이음 설계 기준
- KDS 14 20 80_2021 콘크리트 내진설계 기준
- 대한주택공사_콘크리트 설계 기준 통합에 따른 철근배근 실무지침 연구_2003
- LH 토지주택연구원_철근 배근 가이드라인 작성을 통한 배근시공도 작성기준 연구_2017
- 인하대학교_현장 철근콘크리트 공사에서 철근의 겹침 이음에 대한 조사 연구_2001
- 콘크리트학회지 제17권 5호_기계적 철근이음 장치의 현황 및 적용사례_2005
- KCI_SD500 고강도 철근용 커플러이음의 경제성 평가에 관한 연구_2007
- 충주대학교_초고강도(SD500)철근 이음 방법 선정에 관한 연구_2009

- 한국건축시공학회 논문집 제8권 2호_SD500철근 커플러 이음의 편익/비용분석에 관한 연구_2008
- 구조물진단학회지 제12권 5호_Up-Set Coupler 이음철근의 인장특성에 대한 실험적 연구_2008
- 한국콘크리트학회 학술대회 논문집_나사산 밀착방식의 철근 커플러의 개발에 관한 연구_2009
- 대한건축학회논문집 제28권 7호_고강도 모르타르를 충전한 기계식 슬리브 철근이음의 연성에 대한 비교평가_2012
- 한국콘크리트학회 학술대회 논문집_고강도 나사형 철근에 사용된 커플러의 이음 성능_2012
- 경기대학교_철근이음 방법에 따른 경제성 분석_2014
- 한국건축시공학회지 제14권 1호_양방향 나사산 체결 방식을 활용한 완전밀착형 커플러의 시공성 분석_2014
- 한국콘크리트학회지 제27권 3호_SD600, SD700 철근의 기계적 이음_2015
- 대한건축학회논문집 제35권 제2호_고강도철근용 커플러의 이음성능에 관한 실험적 연구_2015
- 영남대학교_대구경 철근 및 고강도 철근의 정착 및 이음_2016
- 한국콘크리트학회 제28권 5호_나사형 철근 및 커플러를 이용한 선조립 공법_2016
- 한국콘크리트학회지 제29권 1호_나사마디 철근과 주물형 커플러를 이용한 선조립 공법의 현장적용 사례
- 한국산학기술학회논문지 제19권 12호_고강도 철근용 충전형 기계적 이음장치 개발 연구_2018
- 한국동력기계공학회지 제23권 1호_Fabrication of One-touch Rebar Coupler for Mechanical Connections_2019
- 한국건축시공학회지 제22권 6호_철근 커플러이음의 시공품질 확인 현황 및 적정 시공품질 확인 방안